博碩文化

Advanced Placement Computer Science

APCS

大學程式設計先修檢測
暢銷回饋版

C語言

超效解題

致勝祕笈

吳燦銘 著

ZCT 策劃

搶進名校
資訊類學系的
最佳武器！

▶ 以 C 語言的運算思維與演算邏輯解析 APCS 公告試題

▶ 針對各種程式追蹤、填空、除錯題型，模擬演算過程及變數值追蹤

▶ 詳細說明【觀念題】的相關知識，並列出各選項對／錯之理由

▶ 完整架構解析【實作題】：解題重點分析、完整程式碼、執行結果及程式碼說明

Advanced Placement Computer Science

APCS
大學程式設計先修檢測
暢銷回饋版

C語言

超效解題
致勝祕笈

吳燦銘 著
ZCT 策劃

搶進名校
資訊類學系的
最佳武器！

- 以 C 語言的運算思維與演算邏輯解析 APCS 公告試題
- 針對各種程式追蹤、填空、缺鏈題型、稀疏演算過程及變數值追蹤
- 詳細說明【觀念題】的相關知識，並列出各選項解析／錯之理由
- 完整架構解析【實作題】：解題重點分析、完整程式碼、執行結果及程式碼說明

本書如有破損或裝訂錯誤，請寄回本公司更換

作　　者：吳燦銘 著、ZCT 策劃
編　　輯：Cathy、賴彥穎

董 事 長：陳來勝
總 編 輯：陳錦輝

出　　版：博碩文化股份有限公司
地　　址：221 新北市汐止區新台五路一段 112 號 10 樓 A 棟
　　　　　電話 (02) 2696-2869　傳真 (02) 2696-2867

發　　行：博碩文化股份有限公司
郵撥帳號：17484299
戶　　名：博碩文化股份有限公司
博碩網站：http://www.drmaster.com.tw
讀者服務信箱：dr26962869@gmail.com
訂購服務專線：(02) 2696-2869 分機 238、519
（週一至週五 09:30 ～ 12:00；13:30 ～ 17:00）

版　　次：2021 年 1 月二版一刷

建議零售價：新台幣 350 元
I S B N：978-986-434-553-3
律師顧問：鳴權法律事務所 陳曉鳴

國家圖書館出版品預行編目資料

APCS 大學程式設計先修檢測：C 語言超效解題
致勝祕笈 / 吳燦銘著 . -- 二版 . -- 新北市：博碩文
化股份有限公司 , 2021.1

　面；　公分

ISBN 978-986-434-553-3(平裝)

1.C(電腦程式語言)

312.32C　　　　　　　　　　　　109019367

Printed in Taiwan

歡迎團體訂購，另有優惠，請洽服務專線
博碩粉絲團　(02) 2696-2869 分機 238、519

序言

APCS 為 Advanced Placement Computer Science 的英文縮寫，是指「大學程式設計先修檢測」。其目的是提供學生自我評量程式設計能力及評量大學程式設計先修課程學習成效。APCS 考試類型包括：程式設計觀念題及程式設計實作題。

在程式設計觀念題是以單選題的方式進行測驗，以運算思維、問題解決與程式設計概念測試為主。測驗題型包括：程式運行追蹤、程式填空、程式除錯、程式效能分析及基礎觀念理解等。程式設計觀念題如果需提供程式片段，會以 C 語言命題。程式設計觀念題的重點包括：資料型態、常數與變數、全域及區域、流程控制、迴圈、函式、遞迴、陣列、結構，另外也包括基礎資料結構，例如：佇列和堆疊，以及基礎演算法，包括：排序和搜尋。

在程式設計實作題以撰寫完整程式或副程式為主。可自行選擇以 C、C++、Java、Python 撰寫程式，本書的實作題程式是以 C 語言來進行問題分析及程式實作。

本書提供 APCS 公告的各份試題的完整解析，筆者希望結合國外及國內程式語言檢定類書籍的優點，在觀念題的解答除了清楚說明題意外，並詳細解說各選項對與錯的理由，為了讓學習者更紮實理解該題所考的觀念，除了會適當補充該測驗題目的相關知識外，在一些需要程式執行過程追蹤、程式填空、程式除錯等程式片段的題目，也會一併提供完整程式碼及執行結果，來讓讀者更清楚該題的觀念，並透過程式實際執行的過程，更加深該觀念題的考試重點。

在實作題的解答部份則分為四大架構：解題重點分析、完整程式碼、執行結果及程式碼說明，期能先行在「解題重點分析」單元中知道本實作題的程式設計重點、解題技巧、變數功能認識及演算法邏輯及解題的運算思維，此單元也會依循程式設計的步驟，配合適當的程式碼輔助解說，來降低學習者的障礙。接著搭配完整的範例程式碼及執行結果，清楚看出本實作題的解答全貌，最後再搭配程式碼的重點說明，清晰掌握每一段程式碼的功能。

筆者希望本書能引導讀者具備應試 APCS 的經驗與實戰能力的養成，並學會如何解析程式的程式實作的能力，進行有能力根據自己的創意思維，開發出各式各樣功能的軟體，而這也正是本書努力達成的目標。

目錄

Chapter

APCS 資訊能力檢測

APCS 為 Advanced Placement Computer Science 的英文縮寫，是指「大學程式設計先修檢測」。其檢測模式乃參考美國大學先修課程（Advanced Placement, AP），與各大學合作命題，並確定檢定用題目經過信效度考驗，以確保檢定結果之公信力。

1-1 認識 APCS 資訊能力檢測

APCS 的指導單位是「教育部資通訊軟體創新人才推升計畫」，執行單位是「國立臺灣師範大學資訊工程學系」。APCS 的目的是提供學生自我評量程式設計能力及評量大學程式設計先修課程學習成效，APCS 檢測成績為多所大學資訊工程學系、資訊管理系、資訊科學系、資訊科技等相關科系個人申請入學的參考資料，如果想查詢目前採計 APCS 成績大學校系的最新更新資料，可以參閱底下網頁：https://apcs.csie.ntnu.edu.tw/index.php/apcs-introduction/gradeschool/。

目前報名資格沒有限制，任何人都可以用線上報名的方式參加檢定，特別是鼓勵高中生來參加 APCS 檢測，對於申請資訊相關科系的大學將有所幫助。APCS 在每年的 2、6、10 月都有辦理檢測，2 月及 6 月辦理觀念題及實作題的檢測，10 月份則只辦理實作題的檢測。如果想更清楚了解 APCS 報名資訊、檢測費用、報名資格、檢測資訊、試場資訊、檢測系統環境及採計成績的大學校系等資訊，可以參閱大學程式設計先修檢測官網：https://apcs.csie.ntnu.edu.tw/。

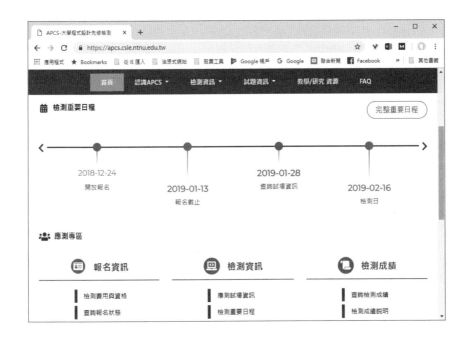

1-2 APCS 考試類型

APCS 考試類型包括：程式設計觀念題及程式設計實作題。其中程式設計觀念題共 50 道試題，分兩份題本以兩節次檢測。而程式設計實作題則為一份測驗題本，共計 4 個題組。

在程式設計觀念題是以單選題的方式進行測驗，以運算思維、問題解決與程式設計概念測試為主。測驗題型包括：程式運行追蹤、程式填空、程式除錯、程式效能分析及基礎觀念理解等。程式設計觀念題如果需提供程式片段，會以 C 語言命題。程式設計觀念題的重點包括：資料型態、常數與變數、全域及區域、程式基本控制結構、迴圈、函式、遞迴、陣列、結構，另外也包括基礎資料結構，例如：佇列和堆疊，甚至包含基礎演算法，例如：排序和搜尋。在程式設計實作題部分則以撰寫完整程式或副程式為主，可自行選擇以 C、C++、Java 或 Python 來撰寫程式。

有關成績的計算方式及各種分數及檢定級別的對照表資訊，建議各位開啟底下「成績說明」的網頁詳加閱讀：https://apcs.csie.ntnu.edu.tw/index.php/info/grades/。

至於如何將應測者申請大學程式設計先修檢測成績證明寄送至第三方電子信箱，也可參考底下的網頁：https://apcs.csie.ntnu.edu.tw/index.php/info/grades/applygrade/。

Chapter

105 年 3 月觀念題

觀念題 ❶

（　　）右側程式正確的輸出應該如下：

```
    *
   ***
  *****
 *******
*********
```

在不修改右側程式之第 4 行及第 7 行程
式碼的前提下，最少需修改幾行程式碼
以得到正確輸出？

(A) 1

(B) 2

(C) 3

(D) 4

```
01    int k = 4;
02    int m = 1;
03    for (int i=1; i<=5; i=i+1) {
04        for (int j=1; j<=k; j=j+1) {
05            printf (" ");
06        }
07        for (int j=1; j<=m; j=j+1) {
08            printf ("*");
09        }
10        printf ("\n");
11        k = k - 1;
12        m = m + 1;
13    }
```

解題說明

答案 **(A) 1**

遇到這類問題必須自行模擬 k 值及 m 值的變化，由句意得知第 4 行及第 7 行程式碼無法更動，我們可以在考試中以紙筆列出 k 值及 m 值，過程如下：

k=4，m=1 時會印出 1 個 *

k=3，m=2 時會印出 2 個 **

k=2，m=3 時會印出 3 個 ***

k=1，m=4 時會印出 4 個 ****

k=0，m=5 時會印出 5 個 *****

可以看出輸出的星號個數與題目的輸入結果不一致，各位只要將

第 12 行的「m = m + 1;」修改成「m = 2*i + 1;」就可以得到正確的輸出結果。

或是

第 12 行的「m = m + 1;」修改成「m = m + 2;」也可以得到正確的輸出結果。

完整的參考程式碼如下：105 年 03 月觀念題 /ex01.c

```c
01    #include <stdio.h>
02
03    int main(void)
04    {
05
06        int k = 4;
07        int m = 1;
08        for (int i=1; i<=5; i=i+1) {
09            for (int j=1; j<=k; j=j+1) {
10                printf (" ");
11            }
12            for (int j=1; j<=m; j=j+1) {
13                printf ("*");
14            }
15            printf ("\n");
16            k = k - 1;
17            m = 2*i + 1;
18        }
19        return 0;
20    }
```

 執行結果

```
    *
   ***
  *****
 *******
*********
------------------------------------
Process exited after 0.1684 seconds with return value 0
請按任意鍵繼續 . . . ■
```

觀念題 ❷

( ) 給定一陣列 a[10]={1, 3, 9, 2, 5, 8, 4, 9, 6, 7}，i.e., a[0]=1, a[1]=3,…, a[8]=6, a[9]=7，以 f(a, 10) 呼叫執行右側函式後，回傳值為何？

```
int f (int a[], int n) {
    int index = 0;
    for (int i=1; i<=n-1; i=i+1) {
        if (a[i] >= a[index]) {
            index = i;
        }
    }
    return index;
}
```

(A) 1

(B) 2

(C) 7

(D) 9

解題說明

答案 (C) 7

以實際演算的方式列出下列 i、a[i]、index、a[index] 各值，可以看出演算過程如下：

i 值	a[i]	index	a[index]
1	3	0	1
2	9	1	3
3	2	2	9
4	5	2	9
5	8	2	9
6	4	2	9
7	9	2	9
8	6	7	9
9	7	7	9

完整的參考程式碼如下：105 年 03 月觀念題 /ex02.c

```c
01    #include <stdio.h>
02
03    int f (int a[], int n) {
04        int index = 0;
05        for (int i=1; i<=n-1; i=i+1) {
06            printf("i=%d a[%d]=%d \n", i,i,a[i]);
07            printf("index=%d a[%d]=%d \n", index,index,a[index]);
08            if (a[i] >= a[index]) {
09                index = i;
10            }
11        }
12        return index;
13    }
14    int main(void)
15    {
16        int a[10]={1,3,9,2,5,8,4,9,6,7};
17        printf(" 回傳後的 index= %d", f(a,10));
18        return 0;
19    }
```

▶ 執行結果

```
i=1 a[1]=3
index=0 a[0]=1
i=2 a[2]=9
index=1 a[1]=3
i=3 a[3]=2
index=2 a[2]=9
i=4 a[4]=5
index=2 a[2]=9
i=5 a[5]=8
index=2 a[2]=9
i=6 a[6]=4
index=2 a[2]=9
i=7 a[7]=9
index=2 a[2]=9
i=8 a[8]=6
index=7 a[7]=9
i=9 a[9]=7
index=7 a[7]=9
回傳後的 index= 7
-----------------------------------
Process exited after 0.1962 seconds with return value 0
請按任意鍵繼續 . . . ▄
```

觀念題 ❸

(　　) 給定一整數陣列 a[0]、a[1]、…、a[99] 且 a[k]=3k+1，以 value=100 呼叫右側兩函式，假設函式 f1 及 f2 之 while 迴圈主體分別執行 n1 與 n2 次（i.e, 計算 if 敘述執行次數，不包含 else if 敘述），請問 n1 與 n2 之值為何？註：(low+high)/2 只取整數部分。

(A) n1=33, n2=4

(B) n1=33, n2=5

(C) n1=34, n2=4

(D) n1=34, n2=5

```c
int f1(int a[], int value) {
    int r_value = -1;
    int i = 0;
    while (i < 100) {
        if (a[i] == value) {
            r_value = i;
            break;
        }
        i = i + 1;
    }
    return r_value;
}
```

```c
int f2(int a[], int value) {
    int r_value = -1;
    int low = 0, high = 99;
    int mid;
    while (low <= high) {
        mid = (low + high)/2;
        if (a[mid] == value) {
            r_value = mid;
            break;
        }
        else if (a[mid] < value) {
            low = mid + 1;
        }
        else {
            high = mid - 1;
        }
    }
    return r_value;
}
```

解題說明

答案 (D) n1=34, n2=5

由函數的程式碼中可以看出 f1 函數是循序搜尋法，f2 函數是二分搜尋法，搜尋數列的規則性為 a[k]=3k+1，k=0…99，數列如下：

1,4,7,10,13,16⋯⋯⋯⋯⋯298

如果要找到 value=100，表示 k=33，因為 k 從 0 開始搜尋，也就是說，f1 函數循序搜尋法必須搜尋 34 次才會到找到 value=100 的值，因此 n1=34。

至於 f2 函數是二分搜尋法的過程如下：

low	high	mid	n2
0	99	49	1
0	48	24	2
25	48	36	3
25	35	30	4
31	35	33	5

完整的參考程式碼如下：105 年 03 月觀念題 /ex03.c

```
01   #include <stdio.h>
02
03   int f1(int a[], int value) {
04       int r_value = -1;
05       int i = 0;
06       int n1=0;
07       while (i < 100) {
08           n1=n1+1;
09           if (a[i] == value) {
10               r_value = i;
11               break;
12           }
13           i = i + 1;
14       }
15       printf("n1=%d\n", n1);
16       return r_value;
17   }
```

```
18
19    int f2(int a[], int value) {
20        int r_value = -1;
21        int low = 0, high = 99;
22        int mid;
23        int n2=0;
24        while (low <= high) {
25            n2=n2+1;
26            mid = (low + high)/2;
27            if (a[mid] == value) {
28                r_value = mid;
29                break;
30            }
31            else if (a[mid] < value) {
32                low = mid + 1;
33            }
34            else {
35                high = mid - 1;
36            }
37        }
38        printf("n2=%d\n", n2);
39        return r_value;
40    }
41
42    int main(void)
43    {
44        int a[100];
45        int i;
46        for (i=0;i<=99;i++)
47            a[i]=3*i+1;
48        f1(a,100);
49        f2(a,100);
50        return 0;
51    }
```

▶ 執行結果

```
n1=34
n2=5

-----------------------------------
Process exited after 0.1629 seconds with return value 0
請按任意鍵繼續 . . . ▄
```

觀念題 ❹

（　　）經過運算後，右側程式的輸出為何？

(A) 1275

(B) 20

(C) 1000

(D) 810

```
for (i=1; i<=100; i=i+1) {
    b[i] = i;
}
a[0] = 0;
for (i=1; i<=100; i=i+1) {
    a[i] = b[i] + a[i-1];
}
printf ("%d\n", a[50]-a[30]);
```

解題說明

答案 (D) 810

以人工方式追蹤數列變化：

b[1]=1, b[2]=2…, b[100]=100
a[0]=0
a[1]=b[1]+a[0]=1+0=1
a[2]=b[2]+a[1]=2+1=3
a[3]=b[3]+a[2]=3+3=6
a[4]=b[4]+a[3]=4+6=10
a[5]=b[5]+a[4]=5+10=15
………

以此類推，可以導出一個規則性，即

a[n]=n+(1+2+3+4+5+…+n-1)=n*(n+1)/2

因此

a[30]=30+(1+2+3+4+5+…+29)=30*31/2=465
a[50]=50+(1+2+3+4+5+…+49)=50*51/2=1275

所以

a[50]-a[30]=1275-465=810

完整的參考程式碼如下：105 年 03 月觀念題 /ex04.c

```
01    #include <stdio.h>
02
03    int main(void)
04    {
05        int i;
06        int a[101],b[101];
07        for (i=1; i<=100; i=i+1) {
08            b[i] = i;
09        }
10        a[0] = 0;
11        for (i=1; i<=100; i=i+1) {
12            a[i] = b[i] + a[i-1];
13        }
14        printf ("%d\n", a[50]-a[30]);
15        return 0;
16    }
```

▶ **執行結果**

```
810

-------------------------------------
Process exited after 0.1375 seconds with return value 0
請按任意鍵繼續 . . .
```

觀念題 ❺

( ) 函數 f 定義如右，如果呼叫 f(1000)，指令 sum=sum+i 被執行的次數最接近下列何者？

(A) 1000

(B) 3000

(C) 5000

(D) 10000

```
int f (int n) {
    int sum=0;
    if (n<2) {
        return 0;
    }
    for (int i=1; i<=n; i=i+1) {
        sum = sum + i;
    }
    sum = sum + f(2*n/3);
    return sum;
}
```

解題說明

答案 (B) 3000

這道題目是一種遞迴的問題，其在 APCS 的歷年考題中佔的比重相當高，在此我們特別先針對遞迴進行相關知識的補充。遞迴是種很特殊的演算法，簡單來說，對程式設計師而言，「函數」（或稱副程式）不單純只是能夠被其他函數呼叫（或引用）的程式單元，在某些語言還提供了自身引用的功能，這種功用就是所謂的「遞迴」。「何時才是使用遞迴的最好時機？」，是不是遞迴只能解決少數問題？事實上，任何可以用選擇結構和重複結構來編寫的程式碼，都可以用遞迴來表示和編寫。

▶ 遞迴的定義

談到遞迴的定義，我們可以這樣形容，**假如一個函數或副程式，是由自身所定義或呼叫的，就稱為遞迴（Recursion）**，它至少要定義 2 種條件，包括一個可以反覆執行的遞迴過程，與一個跳出執行過程的出口。

例如我們知道階乘函數是數學上很有名的函數，對遞迴式而言，也可以看成是很典型的範例，我們一般以符號 " ! " 來代表階乘。如 4 階乘可寫為 4!，n! 可以寫成：

```
n!=n*(n-1)*(n-2)……*1
```

各位可以從分解它的運算過程，觀察出一定的規律性：

```
5!=(5*4!)
  =5*(4*3!)
  =5*4*(3*2!)
  =5*4*3*(2*1)
  =5*4*(3*2)
  =5*(4*6)
  =(5*24)
  =120
```

至於 C 的遞迴函數演算法可以寫成如下：

```c
int factorial(int i)
{
    int sum;
    if(i == 0)   // 跳出執行過程的出口
        return(1);
    else
        sum = i * factorial(i-1); // 反覆執行的遞迴過程
    return sum;
}
```

此外，遞迴因為呼叫對象的不同，可以區分為以下兩種：

■ **直接遞迴**：指遞迴函數中，允許直接呼叫該函數本身，稱為直接遞迴（Direct Recursion）。如下例：

```c
int Fun(...)
{
  .
    .
    if(...)
        Fun(...)
    .
    .
}
```

■ **間接遞迴**：指遞迴函數中，如果呼叫其他遞迴函數，再從其他遞迴函數呼叫回原來的遞迴函數，我們就稱為間接遞迴（Indirect Recursion）。

```c
int Fun1(...)        int Fun2(...)
{                    {
    .                    .
    .                    .
if(...)              if(...)
    Fun2(...)            Fun1(...)
    .                    .
    .                    .
}                    }
```

T I P S

「尾歸遞迴」（Tail Recursion）就是程式的最後一個指令為遞迴呼叫，因為每次呼叫後，再回到前一次呼叫的第一行指令就是 return，所以不需要再進行任何計算工作。

費伯那序列

以上遞迴應用的介紹是利用階乘函數的範例來說明遞迴式的運作。相信各位應該不會再對遞迴有陌生的感覺了吧！我們再來看一個很有名氣的費伯那序列（Fibonacci Polynomial），首先看看費伯那序列的基本定義：

$$F_n = \begin{cases} 0 & n=0 \\ 1 & n=1 \\ F_{n-1}+F_{n-2} & n=2,3,4,5,6\cdots\cdots(n \text{ 為正整數}) \end{cases}$$

簡單來說，就是一序列的第零項是 0、第一項是 1，其他每一個序列中項目的值是由其本身前面兩項的值相加所得。從費伯那序列的定義，也可以嘗試把它轉成遞迴的形式：

```c
int fib(int n)
{
    if(n==0)return 0;
    if(n==1)
        return 1;
    else
        return fib(n-1)+fib(n-2);/* 遞迴引用本身 2 次 */
}
```

河內塔問題

法國數學家 Lucas 在 1883 年介紹了一個十分經典的河內塔 (Tower of Hanoi) 智力遊戲，是典型使用遞迴式與堆疊觀念來解決問題的範例，內容是說在古印度神廟中有三根木樁，天神希望和尚們把某些數量大小不同的圓盤，由第一個木樁全部移動到第三個木樁。

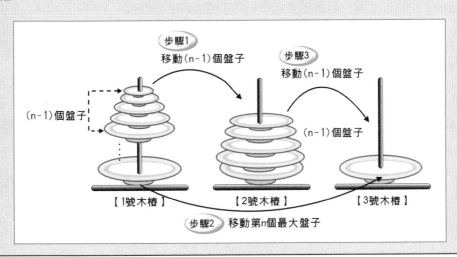

更精確來說，河內塔問題可以這樣形容：假設有 A、B、C 三個木樁和 n 個大小不同的套環（Disc），由小到大編號為 1,2,...n，編號越大直徑越大。開始的時候，n 個套環套在 A 木樁上，現在希望能找到將 A 木樁上的套環藉著 B 木樁當中間橋樑，全部移到 C 木樁上最少次數的方法。不過在搬動時還必須遵守下列規則：

1. 直徑較小的套環永遠置於直徑較大的套環上。

2. 套環可任意地由任何一個木樁移到其他的木樁上。

3. 每一次僅能移動一個套環，而且只能從最上面的套環開始移動。

由上圖中，各位應該發現河內塔問題非常適合以遞迴式與堆疊來解決。因為它滿足了遞迴的兩大特性 ❶ 有反覆執行的過程 ❷ 有停止的出口。以下則以遞迴式來表示河內塔遞迴函數演算法：

```c
void hanoi(int n, int p1, int p2, int p3)
{
    if (n==1) // 遞迴出口
        printf(" 套環從 %d 移到 %d\n", p1, p3);
    else
    {
        hanoi(n-1, p1, p3, p2);
        printf(" 套環從 %d 移到 %d\n", p1, p3);
        hanoi(n-1, p2, p1, p3);
    }
}
```

這個題目問的是如果呼叫 f(1000)，指令 sum=sum+i 被執行的次數，此處的重點是令 sum=sum+i 的執行次數，但是這道指令被置放在如下的迴圈中：

```c
for (int i=1; i<=n; i=i+1) {
    sum = sum + i;
}
```

因此 sum=sum+i 的執行次數和此 for 迴圈要執行的次數 n 一樣。我們可以直接將數字 n=1000 呼叫此函數來觀察 sum=sum+i 的執行次數。

1. 第一次呼叫 f(1000) 函數，此時 n=1000，也就是說 for 迴圈要執行的次數為 1000 次，這句話的意思等同於 sum=sum+i 的執行次數為 1000 次。for 迴圈執行完畢後，會執行下一道指令：

```
sum = sum + f(2*n/3);
```

這道指令會遞迴呼叫 f(2*n/3) 函數，即呼叫 f(1000*2/3)。

2. 第二次呼叫 f(1000*2/3) 函數，此時 n=1000*2/3，也就是說 for 迴圈要執行的次數為 1000*2/3 次，這句話的意思等同於 sum=sum+i 的執行次數為 1000*2/3 次。for 迴圈執行完畢後，會執行下一道指令：

```
sum = sum + f(2*n/3);
```

這道指令會遞迴呼叫 f(2*n/3) 函數，即呼叫 f(1000*2/3*2/3)。

3. 第一次呼叫 f(1000*2/3*2/3) 函數，此時 n=1000*2/3*2/3，也就是說 for 迴圈要執行的次數為 1000*2/3*2/3 次，這句話的意思等同於 sum=sum+i 的執行次數為 1000*2/3*2/3 次。for 迴圈執行完畢後，會執行下一道指令：

```
sum = sum + f(2*n/3);
```

這道指令會遞迴呼叫 f(2*n/3) 函數，即呼叫 f(1000*2/3*2/3*2/3)。

4. ……以此類推。

由上面推演的結果可以得知 sum=sum+i 的執行次數為下列各數的總和：

$$總次數 =1000+1000*2/3+1000*(2/3)^2+1000*(2/3)^3+1000*(2/3)^4+……$$

這個式子剛好符合等比級數，在計算等比級數的總和，其公式如下：

$$S_n=a_1+a_1*r+a_1*r^2+a_1*r^3+...a_1*r^n$$
$$=a_1*(1-r^n)/(1-r) （當 r<1 時）$$

此處將 a_1=1000、r=2/3 代入等比級數的公式中，當 n 很大時，且 r<1 時，r^n 會逼近於 0。

$$S_n=1000*(1-0)/(1-2/3)=3000$$

實際跑程式時，因為只要計算 sum=sum+i 的執行次數，此處可以用一個小技巧，將 sum=sum+i 改用 sum=sum+1 取代，最後印出的 sum 值就是 sum=sum+i 的執行次數，程式跑出的正確執行次數為 2980 次，最接近的數字是選項 (B)3000。

完整的參考程式碼如下：105 年 03 月觀念題 /ex05.c

```
01   #include <stdio.h>
02   int f (int n) {
03       int sum=0;
04       printf("n= %d\n",n);
05       if (n<2) {
06           return 0;
07       }
08       for (int i=1; i<=n; i=i+1) {
09           sum = sum + 1;
10       }
11       sum = sum + f(2*n/3);
12       return sum;
13   }
14   int main(void)
15   {
16       int temp;
17       printf(" 執行次數： %6d\n",f(1000));
18       return 0;
19   }
```

▶ 執行結果

```
n= 1000
n= 666
n= 444
n= 296
n= 197
n= 131
n= 87
n= 58
n= 38
n= 25
n= 16
n= 10
n= 6
n= 4
n= 2
n= 1
執行次數：    2980
------------------------------------
Process exited after 0.2183 seconds with return value 0
請按任意鍵繼續 . . .
```

觀念題 ❻

（　）List 是一個陣列，裡面的元素是 element，它的定義如下。List 中的每一個
element 利用 next 這個整數變數來記錄下一個 element 在陣列中的位置，如果沒
有下一個 element，next　就會記錄 -1。所有的 element 串成了一個串列（linked
list）。例如在 list 中有三筆資料：

1	2	3
data='a' next=2	data='b' next=-1	data='c' next=1

它所代表的串列如下圖：

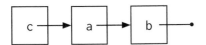

RemoveNextElement 是一個程序，用來移除串列中 current 所指向的下一個元素，
但是必須保持原始串列的順序。例如，若 current 為 3（對應到 list[3]），呼叫完
RemoveNextElement 後，串列應為

```
struct element {
    char data;
    int next;
}

void RemoveNextElement (element list[], int current) {
    if (list[current].next != -1) {
        /* 移除 current 的下一個 element*/

    }
}
```

請問在空格中應該填入的程式碼為何？

(A) `list[current].next = current;`

(B) `list[current].next = list[list[current].next].next;`

(C) `current = list[list[current].next].next;`

(D) `list[list[current].next].next = list[current].next;`

解題說明

答案 (B) `list[current].next = list[list[current].next].next ;`

此題為資料結構的鏈結串列的問題，鏈結串列 (Linked List) 是由許多相同資料型態的項目，依特定順序排列而成的線性串列，特性是在電腦記憶體中位置以不連續、隨機（Random）的方式儲存，優點是資料的插入或刪除都相當方便。

題目中使用的 struct 語法漏掉的分號「 ; 」。

```
struct element {
    char data;
    int next;
};
```

在單向鏈結型態的資料結構中，如果要在串列中刪除一個節點，如同在一列火車中拿掉原有的車廂，依據所刪除節點的位置會有三種不同的情形：

- **刪除串列的第一個節點**：只要把串列指標首指向第二個節點即可。如下圖所示：

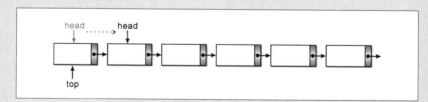

C 的演算法如下：

```
top=head;
head=head->next;
free(top);
```

■ **刪除串列後的最後一個節點**：只要指向最後一個節點 ptr 的指標，直接指向 NULL 即可。如下圖所示：

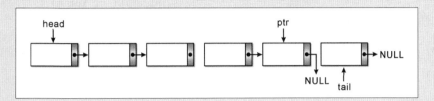

C 的演算法如下：

```
ptr->next=tail;
ptr->next=NULL;
free(tail);
```

■ **刪除串列內的中間節點**：只要將刪除節點的前一個節點的指標，指向欲刪除節點的下一個節點即可。如下圖所示：

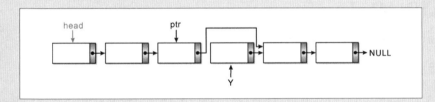

C 的演算法如下：

```
Y=ptr->next;
ptr->next=Y->next;
free(Y);
```

觀念題 ⑦

（　　）請問以 a(13,15) 呼叫右側 a() 函式，函式執行完後其回傳值為何？

(A) 90

(B) 103

(C) 93

(D) 60

```
int a(int n, int m) {
    if (n < 10) {
        if (m < 10) {
            return n + m ;
        }
        else {
            return a(n, m-2) + m ;
        }
    }
    else {
        return a(n-1, m) + n ;
    }
}
```

解題說明

答案 **(B) 103**

此題也是遞迴的問題，有關遞迴問題的進一步說明。

直接將值帶入，過程如下：

a(13,15)=a(12,15)+13=a(11,15)+12+13=a(10,15)+11+25=a(9,15)+10+36=a(9,13)+15

+46=a(9,11)+13+61=a(9,9)+11+74=18+11+74=103

完整的參考程式碼如下：105 年 03 月觀念題 /ex07.c

```
01   #include <stdio.h>
02   int a(int n, int m) {
03       if (n < 10) {
04           if (m < 10) {
05               return n + m ;
06           }
07           else {
08               return a(n, m-2) + m ;
09           }
10       }
11       else {
12           return a(n-1, m) + n ;
```

```
13        }
14    }
15    int main(void)
16    {
17        printf(" 結果值： %d\n",a(13,15));
18        return 0;
19    }
```

▶ 執行結果

```
結果值: 103

--------------------------------
Process exited after 0.184 seconds with return value 0
請按任意鍵繼續 . . . ■
```

觀念題 **8**

( ) 一個費式數列定義第一個數為 0 第二個數為 1
之後的每個數都等於前兩個數相加，如下所示：
0、1、1、2、3、5、8、13、21、34、55、89…。
右列的程式用以計算第 N 個 (N≥2) 費式數
列的數值，請問 (a) 與 (b) 兩個空格的敘述
（statement）應該為何？

```
int a=0;
int b=1;
int i, temp, N;
   ...
for (i=2; i<=N; i=i+1) {
    temp = b;
       (a)         ;
    a = temp;
    printf ("%d\n",  (b)  );
}
```

(A) (a) f[i]=f[i-1]+f[i-2]   (b) f[N]

(B) (a) a = a + b   (b) a

(C) (a) b = a + b   (b) b

(D) (a) f[i]=f[i-1]+f[i-2]   (b) f[i]

解題說明

答案 **(C) (a) b = a + b (b) b**

此題在考費氏數列的問題，費氏級數 F(n) 的定義如下：

$$\begin{cases} F_0=0, \ F_1=1 \\ F_i=F_{i-1} + F_{i-2} , i \geq 2 \end{cases}$$

費氏級數：0,1,1,2,3,5,8,13,21,34,55,89,…。也就是除了第 0 及第 1 個元素外，每個值都是前兩個值的加總。

完整的參考程式碼如下：105 年 03 月觀念題 /ex08.c

```c
01    #include <stdio.h>
02
03    int main(void)
04    {
05        int a=0;
06        int b=1;
07        int i, temp, N;
08        N=8;
09        for (i=2; i<=N; i=i+1) {
10            temp = b;
11            b=a+b ;
12            a = temp;
13            printf ("%d\n", b );
14        }
15        return 0;
16    }
```

▶ 執行結果

```
1
2
3
5
8
13
21

------------------------------------
Process exited after 0.1614 seconds with return value 0
請按任意鍵繼續 . . . ■
```

觀念題 ⑨

( ) 請問右側程式輸出為何？

(A) 1

(B) 4

(C) 3

(D) 33

```
int A[5], B[5], i, c;
    ...
for (i=1; i<=4; i=i+1) {
    A[i] = 2 + i*4;
    B[i] = i*5;
}
c = 0;
for (i=1; i<=4; i=i+1) {
    if (B[i] > A[i]) {
        c = c + (B[i] % A[i]);
    }
    else {
        c = 1;
    }
}
printf ("%d\n", c);
```

解題說明

答案 (B) 4

i	A[i]	B[i]	c
1	6	5	1
2	10	10	1
3	14	15	2
4	18	20	4

完整的參考程式碼如下：105 年 03 月觀念題 /ex09.c

```
01    #include <stdio.h>
02    int main(void)
03    {
04        int A[5], B[5], i, c;
05
06        for (i=1; i<=4; i=i+1) {
07            A[i] = 2 + i*4;
08            B[i] = i*5;
09        }
```

```
10      c = 0;
11      for (i=1; i<=4; i=i+1) {
12          if (B[i] > A[i]) {
13              c = c + (B[i] % A[i]);
14          }
15          else {
16              c = 1;
17          }
18      }
19      printf ("%d\n", c);
20
21      return 0;
22  }
```

▶ **執行結果**

```
4

-----------------------------------
Process exited after 0.1549 seconds with return value 0
請按任意鍵繼續 . . .
```

觀念題 ⑩

（　）給定右側 g() 函式，g(13) 回傳值為何？

(A) 16

(B) 18

(C) 19

(D) 22

```
int g(int a) {
    if (a > 1) {
        return g(a - 2) + 3;
    }
    return a;
}
```

解題說明

答案 (C) 19

直接帶入遞迴寫出過程：

g(13)=g(11)+3=g(9)+3+3=g(7)+3+6=g(5)+3+9=g(3)+3+12=g(1)+3+15=19

完整的參考程式碼如下：105 年 03 月觀念題 /ex10.c

```
01    #include <stdio.h>
02
03    int g(int a) {
04        if (a > 1) {
05            return g(a - 2) + 3;
06        }
07        return a;
08    }
09    int main(void)
10    {
11        printf ("%d\n", g(13));
12
13        return 0;
14    }
```

▶ **執行結果**

```
19
_____
Process exited after 0.2137 seconds with return value 0
請按任意鍵繼續 . . .
```

觀念題 ⑪

（　）定義 a[n] 為一陣列（array），陣列元素的指標為 0 至 n-1。若要將陣列中 a[0] 的元素移到 a[n-1]，右側程式片段空白處該填入何運算式？

```
int i, hold, n;
    …
for (i=0; i<=____; i=i+1) {
    hold = a[i];
    a[i] = a[i+1];
    a[i+1] = hold;
}
```

(A) n+1

(B) n

(C) n-1

(D) n-2

解題說明

答案 (D) n-2

這個例子有點像氣泡排序法，差別是氣泡排序法會先行比較大小，符合條件才會進行資料位置的交換，本例則是陣列的基本觀念之應用，這支程式的作用在於逐一交換位置，最後將陣列中 a[0] 的元素移到 a[n-1]，此例空白處只要填入 n-2 就可以達到題目的要求。

完整的參考程式碼如下：105 年 03 月觀念題 /ex11.c

```
01   #include <stdio.h>
02
03   int g(int a) {
04       if (a > 1) {
05           return g(a - 2) + 3;
06       }
07       return a;
08   }
09   int main(void)
10   {
11
12       int i, hold, n;
13       n=8;
14       int a[]={1,3,5,7,9,6,7,8};
15
16       for (i=0; i<= n-2; i=i+1) {
17           hold = a[i];
18           a[i] = a[i+1];
19           a[i+1] = hold;
20       }
21       for(i=0;i<=n-1;i++) {
22           printf ("%d\n", a[i]);
23       }
24       return 0;
25   }
```

▶ 執行結果

```
3
5
7
9
6
7
8
1

--------------------------------
Process exited after 0.1491 seconds with return value 0
請按任意鍵繼續 . . .
```

觀念題 ⓬

（　）給定右側函式 f1() 及 f2()。f1(1) 運算
　　　過程中，以下敘述何者為錯？

(A) 印出的數字最大的是 4

(B) f1 一共被呼叫二次

(C) f2 一共被呼叫三次

(D) 數字 2 被印出兩次

```c
void f1 (int m) {
  if (m > 3) {
    printf ("%d\n", m);
    return;
  }
  else {
    printf ("%d\n", m);
    f2(m+2);
    printf ("%d\n", m);
  }
}

void f2 (int n) {
  if (n > 3) {
    printf ("%d\n", n);
    return;
  }
  else {
    printf ("%d\n", n);
    f1(n-1);
    printf ("%d\n", n);
  }
}
```

解題說明

答案 (C) f2 一共被呼叫三次

各位可以在程式中去追蹤 f1(1) 的遞迴過程，可以試著在程式輸出所在的函數位置，就可以發現選項 (C)f2 一共被呼叫三次這個選項是錯誤的，應該修正成 (C)f2 一共被呼叫二次。

完整的參考程式碼如下：105 年 03 月觀念題 /ex12.c

```
01   #include <stdio.h>
02
03   void f1(int m);
04   void f2(int n);
```

```
05    void f1 (int m) {
06        printf ("I am in f1\n");
07        if (m > 3) {
08            printf ("%d\n", m);
09            return;
10        }
11        else {
12            printf ("%d\n", m);
13            f2(m+2);
14            printf ("%d\n", m);
15        }
16    }
17    void f2 (int n) {
18        printf ("I am in f2\n");
19        if (n > 3) {
20            printf ("%d\n", n);
21            return;
22        }
23        else {
24            printf ("%d\n", n);
25            f1(n-1);
26            printf ("%d\n", n);
27        }
28    }
29    int main(void)
30    {
31        f1(1);
32        return 0;
33    }
```

▶ 執行結果

```
I am in f1
1
I am in f2
3
I am in f1
2
I am in f2
4
2
3
1

------------------------------------
Process exited after 0.1562 seconds with return value 0
請按任意鍵繼續 . . . ▄
```

觀念題 ⑬

（　） 右側程式片段擬以輾轉除法求 i 與 j 的最大公因數。請問 while 迴圈內容何者正確？

```
i = 76;
j = 48;
while ((i % j) != 0) {

    _____

    _____

    _____

}
printf ("%d\n", j);
```

（A） k = i % j;

　　i = j;

　　j = k;

（B） i = j;

　　j = k;

　　k = i % j;

（C） i = j;

　　j = i % k;

　　k = i;

（D） k = i;

　　i = j;

　　j = i % k;

解題說明

答案 **(A) k = i % j;**

　　　i = j;

　　　j = k;

這個例子是用輾轉相除法來求取兩數 i 與 j 兩數的最大公因數。

完整的參考程式碼如下：105 年 03 月觀念題 /ex13.c

```
01    #include <stdio.h>
02
03    int main(void)
04    {
05        int i,j,k;
06        i = 76;
```

```
07        j = 48;
08        while ((i % j) != 0) {
09            k = i % j;
10            i = j;
11            j = k;
12        }
13        printf ("%d\n", j);
14
15        return 0;
16    }
```

▶ 執行結果

```
4
_____
Process exited after 0.1415 seconds with return value 0
請按任意鍵繼續 . . . ■
```

觀念題 ⑭

( ) 右側程式輸出為何？

(A) bar: 6

    bar: 1

    bar: 8

(B) bar: 6

    foo: 1

    bar: 3

(C) bar: 1

    foo: 1

    bar: 8

(D) bar: 6

    foo: 1

    foo: 3

```c
void foo (int i) {
  if (i <= 5) {
    printf ("foo: %d\n", i);
  }
  else {
    bar(i - 10);
  }
}
void bar (int i) {
  if (i <= 10) {
    printf ("bar: %d\n", i);
  }
  else {
    foo(i - 5);
  }
}
void main() {
  foo(15106);
  bar(3091);
  foo(6693);
}
```

解題說明

答案 (A)　bar: 6

　　　　bar: 1

　　　　bar: 8

本題的數字太大，建議先行由小字數開始尋找規律性，這個例子主要測驗各位兩個函數間的遞迴呼叫，foo 函數的遞迴結束條件是 i 小於或等於 5，如果不符合結束條件則會呼叫 bar 函數，同時 i 值會減少 10。類似的情況，bar 函數的遞迴結束條件是 i 小於或等於 10，如果不符合結束條件則會呼叫 foo 函數，同時 i 值會減少 5。也就是說每一輪遞迴互相呼叫，i 值會減少 15。因為我們可以將原題目的大數字簡化為較小的數字，再去用人工的方式去遞迴推算，就可以得到答案，如下：

- foo(15106)=foo(15*1006+16) 等同於呼叫 foo(16)，帶入 foo 函數，接著執行 bar(6)，符合 bar 函數的遞迴結束條件是 i 小於或等於 10，直接輸出「bar:6」。

- bar(3091)=bar(15*205+16) 等同於呼叫 bar(16)，帶入 bar 函數，接著執行 foo(11)，再呼叫 bar(1)，直接輸出「bar:1」。

- foo(6693)=bar(15*445+18) 等同於呼叫 foo(18)，帶入 foo 函數 bar(8)，符合 bar 函數的遞迴結束條件是 i 小於或等於 10，直接輸出「bar:8」。

完整的參考程式碼如下：105 年 03 月觀念題 /ex14.c

```
01   #include <stdio.h>
02   void foo (int i);
03   void bar (int i);
04   void foo (int i) {
05       if (i <= 5) {
06           printf ("foo: %d\n", i);
07       }
08       else {
09           bar(i - 10);
10       }
11   }
12   void bar (int i) {
13       if (i <= 10) {
14           printf ("bar: %d\n", i);
15       }
```

```
16      else {
17          foo(i - 5);
18      }
19  }
20
21  int main(void)
22  {
23      foo(15106);
24      bar(3091);
25      foo(6693);
26
27      return 0;
28  }
```

🔘 執行結果

```
bar: 6
bar: 1
bar: 8

---------------------------------
Process exited after 0.231 seconds with return value 0
請按任意鍵繼續 . . . ▄
```

觀念題 ⑮

(　) 若以 f(22) 呼叫右側 f() 函式，總共會印出多少數字？

　　(A) 16

　　(B) 22

　　(C) 11

　　(D) 15

```
void f(int n) {
  printf ("%d\n", n);
  while (n != 1) {
    if ((n%2)==1) {
      n = 3*n + 1;
    }
    else {
      n = n / 2;
    }
    printf ("%d\n", n);
  }
}
```

解題說明

答案 (A) 16

試著將 n=22 帶入 f(22) 再觀察所有的輸出過程，參考如下：

一進入函數會先印出「22」。接著進入 while 迴圈，當程式的 n 等於 1 時，則結束 while 迴圈。過程如下：

迴圈次數	奇數或偶數	執行敘述	n 輸出過程
1	偶數	n=n/2=22/2=11	11
2	奇數	n=3*n+1=33+1=34	34
3	偶數	n=n/2=34/2=17	17
4	奇數	n=3*n+1=51+1=52	52
5	偶數	n=n/2=52/2=26	26
6	偶數	n=n/2=26/2=13	13
7	奇數	n=3*n+1=39+1=40	40
8	偶數	n=n/2=40/2=20	20
9	偶數	n=n/2=20/2=10	10
10	偶數	n=n/2=10/2=5	5
11	奇數	n=3*n+1=15+1=16	16
12	偶數	n=n/2=16/2=8	8
13	偶數	n=n/2=8/2=4	4
14	偶數	n=n/2=4/2=2	2
15	偶數	n=n/2=2/2=1	1

整個程式總共輸出了 16 個數字。

完整的參考程式碼如下：105 年 03 月觀念題 /ex15.c

```
01    #include <stdio.h>
02    void f(int n) {
03        printf ("%d\n", n);
04        while (n != 1) {
05            if ((n%2)==1) {
06                n = 3*n + 1;
07            }
```

```
08          else {
09              n = n / 2;
10          }
11          printf ("%d\n", n);
12      }
13  }
14
15  int main(void)
16  {
17      f(22);
18      return 0;
19  }
```

▶ 執行結果

```
22
11
34
17
52
26
13
40
20
10
5
16
8
4
2
1
------------------------------------
Process exited after 0.1601 seconds with return value 0
請按任意鍵繼續 . . .
```

觀念題 ⑯

（　）　右側程式執行過後所輸出數值為何？

(A) 11

(B) 13

(C) 15

(D) 16

```
void main () {
  int count = 10;
  if (count > 0) {
    count = 11;
  }
  if (count > 10) {
    count = 12;
    if (count % 3 == 4) {
      count = 1;
    }
    else {
      count = 0;
    }
  }
  else if (count > 11) {
    count = 13;
  }
  else {
    count = 14;
  }
  if (count) {
    count = 15;
  }
  else {
    count = 16;
  }

  printf ("%d\n", count);
}
```

解題說明

答案 (D) 16

執行的 if 判斷式	count 值的變化，預設值 count=10
if(count>0)	count=11
if(count>10)	count=12
if(count%3==4)	count=0
if(count)	count=16

完整的參考程式碼如下：105 年 03 月觀念題 /ex16.c

```c
01    #include <stdio.h>
02
03    int main(void)
04    {
05        int count = 10;
06        if (count > 0) {
07            count = 11;
08        }
09        if (count > 10) {
10            count = 12;
11            if (count % 3 == 4) {
12                count = 1;
13            }
14            else {
15                count = 0;
16            }
17        }
18        else if (count > 11) {
19            count = 13;
20        }
21        else {
22            count = 14;
23        }
24        if (count) {
25            count = 15;
26        }
27        else {
28            count = 16;
29        }
30        printf ("%d\n", count);
31
32        return 0;
33    }
```

▶ **執行結果**

```
16

------------------------------------
Process exited after 0.1433 seconds with return value 0
請按任意鍵繼續 . . .
```

觀念題 ⑰

( )　右側程式片段主要功能為：輸入六個整數，檢測並印出最後一個數字是否為六個數字中最小的值。然而，這個程式是錯誤的。請問以下哪一組測試資料可以測試出程式有誤？

(A) 11 12 13 14 15 3

(B) 11 12 13 14 25 20

(C) 23 15 18 20 11 12

(D) 18 17 19 24 15 16

```c
#define TRUE 1
#define FALSE 0
int d[6], val, allBig;
  ...
for (int i=1; i<=5; i=i+1) {
  scanf("%d", &d[i]);
}
scanf ("%d", &val);
allBig = TRUE;
for (int i=1; i<=5; i=i+1) {
  if (d[i] > val) {
    allBig = TRUE;
  }
  else {
    allBig = FALSE;
  }
}
if (allBig == TRUE) {
  printf("%d is the smallest.\n", val);
}
else {
  printf("%d is not the smallest.\n",val);
}
}
```

解題說明

答案 (B) 11 12 13 14 25 20

將四個選項的值依序帶入，只要找到不符合程式原意的資料組，就可以判斷程式出現問題，我們會發現 (B) 11 12 13 14 25 20 會輸出「20 is the smallest.」，但事實上 20 並不是最小的數字，這是因為原程式是由最後一個值來決定 allBig 值。

完整的參考程式碼如下：105 年 03 月觀念題 /ex17.c

```c
01  #include <stdio.h>
02  #define TRUE 1
03  #define FALSE 0
04
```

```
05   int main(void)
06   {
07       int d[6], val, allBig;
08
09       for (int i=1; i<=5; i=i+1) {
10           scanf ("%d", &d[i]);
11       }
12       scanf ("%d", &val);
13       allBig = TRUE;
14       for (int i=1; i<=5; i=i+1) {
15           if (d[i] > val) {
16               allBig = TRUE;
17           }
18           else {
19               allBig = FALSE;
20           }
21       }
22       if (allBig == TRUE) {
23           printf ("%d is the smallest.\n", val);
24       }
25       else {
26           printf ("%d is not the smallest.\n", val);
27       }
28       return 0;
29   }
```

▶ 執行結果

```
11 12 13 14 25 20
20 is the smallest.

-----------------------------------
Process exited after 5.916 seconds with return value 0
請按任意鍵繼續 . . .
```

觀念題 ⑱

( ) 程式編譯器可以發現下列哪種錯誤？

(A) 語法錯誤

(B) 語意錯誤

(C) 邏輯錯誤

(D) 以上皆是

解題說明

答案 (A) 語法錯誤

程式寫作的過程中，有可能因為語法不熟悉、指令的誤用或是邏輯有誤，導致程式發生錯誤或產生不是原先預期的結果，至於程式執行時可能發生的錯誤，可以在特定的區域加以處理或排除。通常程式的錯誤類型可以分為三種類型：語法錯誤、執行期間錯誤、邏輯錯誤。

- 語法錯誤是較常見的錯誤，這種錯誤有可能是撰寫程式時，不小心寫錯語法所造成。

- 執行期間錯誤是指程式在執行期間遇到錯誤，這類錯誤可能是邏輯上的錯誤，也可能是資源不足所造成的錯誤。

- 邏輯錯誤是最不容易被發現的錯誤，邏輯錯誤常會產生令人出乎意料之外的輸出結果。與語法錯誤不同的是，邏輯錯誤從語法上來說是正確的，但其執行結果卻與預期不符。

觀念題 ⑲

(　　)　大部分程式語言都是以列為主的方式儲存陣列。在一個 8x4 的陣列（array）A 裡，若每個元素需要兩單位的記憶體大小，且若 A[0][0] 的記憶體位址為 108（十進制表示），則 A[1][2] 的記憶體位址為何？

(A) 120

(B) 124

(C) 128

(D) 以上皆非

解題說明

答案 (A) 120

此題先找到 A[1][2] 與 A[0][0] 間相差多少元素，就可以由 A[0][0] 推算出 A[1][2] 的記憶體位址。本範例提到大部分程式語言都是以列為主的方式儲存陣列，以 8x4 的陣列 A 陣列為例，其陣列元素的先後關係如下：

A[0][0]	A[0][1]	A[0][2]	A[0][3]
A[1][0]	A[1][1]	A[1][2]	A[1][3]
A[2][0]	A[2][1]	A[2][2]	A[2][3]
....	......	......	......
A[7][0]	A[7][1]	A[7][2]	A[7][3]

由上表中可以得知，如果以列為優先，其元素的順序為：

A[0][0]　　　　A[0][1]　　　　A[0][2]　　　　A[0][3]

A[1][0]　　　　A[1][1]　　　　A[1][2]　　　　A[1][3]

因此可以得知 A[1][2] 與 A[0][0] 兩者間相差 6 個位置，但每個元素需要兩單位的記憶體大小，因此得知 A[1][2] 的記憶體位址為 A[0][0]+6*2=108+12=120。

觀念題 ⑳

（　　） 右側為一個計算 n 階乘的函式，請問該如何修改才會得到正確的結果？

(A) 第 2 行，改為 int fac = n;

(B) 第 3 行，改為 if (n > 0) {

(C) 第 4 行，改為 fac = n * fun(n+1);

(D) 第 4 行，改為 fac = fac * fun(n-1);

```
1. int fun (int n) {
2.   int fac = 1;
3.   if (n >= 0) {
4.     fac = n * fun(n - 1);
5.   }
6.   return fac;
7. }
```

解題說明

答案 (B) 第 3 行，改為 if (n > 0) {

本範例的程式碼遞迴次數會多乘一次，應該是當 n=1 時作為遞迴的結束條件，所以必須將第 3 行中的等號去掉，第 3 行，改為 if (n > 0) {

觀念題 ㉑

（　　）右側程式碼，執行時的輸出為何？

(A) 0 2 4 6 8 10

(B) 0 1 2 3 4 5 6 7 8 9 10

(C) 0 1 3 5 7 9

(D) 0 1 3 5 7 9 11

```
void main() {
  for (int i=0; i<=10; i=i+1){
    printf ("%d ", i);
    i = i + 1;
  }
  printf ("\n");
}
```

解題說明

答案 (A) 0 2 4 6 8 10

上述程式中的 for (int i=0; i<=10; i=i+1) 中每執行一次 i 的值要加 1，但因為在 for 迴圈內又多了一道指令「i = i + 1;」，因此每執行一次迴圈，變數 i 的值會增加 2。又本迴圈的起始條件是 i=0，結束條件是 i=10，所以會印出「0 2 4 6 8 10」。

完整的參考程式碼如下：105 年 03 月觀念題 /ex21.c

```
01    #include <stdio.h>
02
03    int main(void)
04    {
05        for (int i=0; i<=10; i=i+1) {
06            printf ("%d ", i);
07            i = i + 1;
08        }
09        printf ("\n");
10        return 0;
11    }
```

▶ 執行結果

```
0 2 4 6 8 10
----------------------------------
Process exited after 0.3861 seconds with return value 0
請按任意鍵繼續 . . .
```

觀念題 ㉒

（　） 右側 f() 函式執行後所回傳的值為何？

(A) 1023

(B) 1024

(C) 2047

(D) 2048

```
int f() {
    int p = 2;
    while (p < 2000) {
        p = 2 * p;
    }
    return p;
}
```

解題說明

答案 (D) 2048

起始值：p=2

第一次迴圈：p=2*p=2*2=4=2^2

第二次迴圈：p=2*p=2*4=8=2^3

第三次迴圈：p=2*p=2*8=16=2^4

第四次迴圈：p=2*p=2*16=32=2^5

...

第十次迴圈：p=2*p=2*1024=2048

完整的參考程式碼如下：105 年 03 月觀念題 /ex22.c

```
01   #include <stdio.h>
02
03   int f() {
04       int p = 2;
05       while (p < 2000) {
06           p = 2 * p;
07       }
08       return p;
09   }
10   int main(void)
11   {
12       f();
13       printf("f()=%d",f());
14       return 0;
15   }
```

執行結果

```
f()=2048
----------------------------------
Process exited after 0.1506 seconds with return value 0
請按任意鍵繼續 . . .
```

觀念題 ㉓

( )　右側 f() 函式 (a), (b), (c) 處需分別填入哪些數字,方能使得 f(4) 輸出 2468 的結果?

(A) 1, 2, 1

(B) 0, 1, 2

(C) 0, 2, 1

(D) 1, 1, 1

```
int f(int n) {
  int p = 0;
  int i = n;
  while (i >= _(a)_ ) {
    p = 10 - _(b)_ * i;
    printf ("%d", p);
    i = i - _(c)_ ;
  }
}
```

解題說明

答案 (A) 1, 2, 1

第一個列印的數字是 2,即 p=10-(b)*i=2,此處題目傳入的 i 值為 4,因此 (b)=2,目前符合條件只有選項 (A) 及選項 (C),但由於最終印出的數字是 4 個,也就說迴圈執行的次數為 4 次,因此選項 (A) 的迴圈執行次數為 4,因此 (a)=1。

完整的參考程式碼如下:105 年 03 月觀念題 /ex23.c

```
01    #include <stdio.h>
02
03    int f(int n) {
04        int p = 0;
05        int i = n;
06        while (i >= 1) {
07            p=10-2*i;
08            printf ("%d", p);
09            i = i - 1 ;
10        }
```

```
11    }
12    int main(void)
13    {
14        f(4);
15        return 0;
16    }
```

● 執行結果

```
2468
------------------------------------------
Process exited after 0.1375 seconds with return value 0
請按任意鍵繼續 . . .
```

觀念題 ㉔

(　　) 右側 g(4) 函式呼叫執行後，回傳值為何？

(A) 6

(B) 11

(C) 13

(D) 14

```
int f (int n) {
  if (n > 3) {
    return 1;
  }
  else if (n == 2) {
    return (3 + f(n+1));
  }
  else {
    return (1 + f(n+1));
  }
}

int g(int n) {
  int j = 0;
  for (int i=1; i<=n-1; i=i+1){
    j = j + f(i);
  }
  return j;
}
```

解題說明

答案 (C) 13

由 g() 函式內的 for 迴圈可以看出：

g(4)=f(1)+f(2)+f(3)
　　=(1+f(2))+(3+f(3))+(1+f(4))
　　=(1+3+f(3))+(3+1+f(4))+(1+1))
　　=(1+3+1+f(4))+(3+1+1)+(1+1)
　　=(1+3+1+1)+(3+1+1)+(1+1)
　　=6+5+2
　　=13

完整的參考程式碼如下：105 年 03 月觀念題 /ex24.c

```
01    #include <stdio.h>
02
03    int f (int n) {
04        if (n > 3) {
05            return 1;
06        }
07        else if (n == 2) {
08            return (3 + f(n+1));
09        }
10        else {
11            return (1 + f(n+1));
12        }
13    }
14    int g(int n) {
15        int j = 0;
16        for (int i=1; i<=n-1; i=i+1) {
17            j = j + f(i);
18        }
19        return j;
20    }
21
22    int main(void)
23    {
24        printf("g(4)=%d",g(4));
25        return 0;
26    }
```

▶ 執行結果

```
g(4)=13
------------------------------------
Process exited after 0.1877 seconds with return value 0
請按任意鍵繼續 . . .
```

觀念題 ㉕

( ) 右側 Mystery() 函式 else 部分運算式應為

何，才能使得 Mystery(9) 的回傳值為 34。

(A) x + Mystery(x-1)

(B) x * Mystery(x-1)

(C) Mystery(x-2) + Mystery(x+2)

(D) Mystery(x-2) + Mystery(x-1)

```c
int Mystery (int x) {
  if (x <= 1) {
    return x;
  }
  else {
    return _____ ;
  }
}
```

▌解題說明

答案 **(D) Mystery(x-2) + Mystery(x-1)**

此題在考費氏數列的問題，費氏級數：$0,1,1,2,3,5,8,13,21,34,55,89,\cdots$。也就是除了第 0 及第 1 個元素外，每個值都是前兩個值的加總。因此，Mystery(9)= Mystery(7)+ Mystery(8)=13+21=34。

各位也可以分別將選項 (A)、(B)、(C) 帶入驗證，其中選項 (A) 得到的值為 9+8+7 +..+1=45，選項 (B) 得到的值為 9*8*7*..*1 遠大於 34，選項 (C) 中的 Mystery(x+2) 是無法結束的遞迴。

完整的參考程式碼如下：105 年 03 月觀念題 /ex25.c

```c
01    #include <stdio.h>
02
03    int Mystery (int x) {
04        if (x <= 1) {
05            return x;
06        }
```

```
07      else {
08          return Mystery(x-2) + Mystery(x-1) ;
09      }
10   }
11
12   int main(void)
13   {
14      printf("Mystery(9)=%d",Mystery(9));
15      return 0;
16   }
```

▶ 執行結果

```
Mystery(9)=34
-----------------------------------
Process exited after 0.208 seconds with return value 0
請按任意鍵繼續 . . .
```

MEMO

Chapter

105 年 3 月實作題

第 ❶ 題：成績指標

1.1 測驗試題

問題描述

一次考試中，於所有及格學生中獲取最低分數者最為幸運，反之，於所有不及格同學中，獲取最高分數者，可以說是最為不幸，而此二種分數，可以視為成績指標。

請你設計一支程式，讀入全班成績（人數不固定），請對所有分數進行排序，並分別找出不及格中最高分數，以及及格中最低分數。

當找不到最低及格分數，表示對於本次考試而言，這是一個不幸之班級，此時請你印出：「worst case」；反之，當找不到最高不及格分數時，請你印出「best case」。
註：假設及格分數為 60，每筆測資皆為 0~100 間整數，且筆數未定。

輸入格式

第一行輸入學生人數，第二行為各學生分數（0~100 間），分數與分數之間以一個空白間格。每一筆測資的學生人數為 1~20 的整數。

輸出格式

每筆測資輸出三行。

第一行由小而大印出所有成績，兩數字之間以一個空白間格，最後一個數字後無空白；

第二行印出最高不及格分數，如果全數及格時，於此行印出 best case；

第三行印出最低及格分數，當全數不及格時，於此行印出 worst case。

```
範例一：輸入
10
0 11 22 33 55 66 77 99 88 44
範例一：正確輸出
0 11 22 33 44 55 66 77 88 99
55
66
【說明】不及格分數最高為 55，及格分數最低為 66
```

範例二：輸入

```
1
13
```

範例二：正確輸出

```
13
13
worst case
```

【說明】由於找不到最低及格分，因此第三行須印出「worst case」。

範例三：輸入

```
2
73 65
```

範例三：正確輸出

```
65 73
best case
65
```

【說明】由於找不到不及格分，因此第二行須印出「best case」。

評分說明

輸入包含若干筆測試資料，每一筆測試資料的執行時間限制（time limit）均為 2 秒，依正確通過測資筆數給分。

1.2　解題重點分析

本題目的輸出有三列：

1. 第一列成績由小到大的排列，這一行只要將所輸入的資料以陣列儲存，再去呼叫排序
    程式的函數，並將排序後的陣列內容輸出即可。此處各位可以自行寫排序程式。

```c
void sort(int *a, int l) {
    int i, j;
    int v;
    // 開始排序
    for(i = 0; i < l - 1; i ++)
        for(j = i+1; j < l; j ++)
        {
```

```
        if(a[i] > a[j])
        {
            v = a[i];
            a[i] = a[j];
            a[j] = v;
        }
    }
}
```

2. 第二列及第三列的輸出則有以下三種情況：

- 如果所有成績都及格，則第二列輸出「best case」，第三行則輸出陣列的第一個元素，印出最低及格分數，即 num[0]。

```
if (num[0]>=60) {
    printf("best case \n");// 如果全部分數都大於 60, 表示最佳狀況
    printf("%d \n",num[0]);// 印出最低及格分數
}
```

- 如果所有成績都不及格，則第二列輸出陣列的最後一個元素，印出最高不及格分數，即 num[n-1]，第三列輸出「worst case」。

```
else if (num[n-1]<60){
    printf("%d \n",num[n-1]);// 印出最高不及格分數
    printf("worst case \n"); // 如果全部分數都小於 60, 表示最差狀況
}
```

- 以迴圈的作法，從陣列最大的元素由後往前找，直到第一個不及格分數，則在第二列輸出該分數，即印出最高不及格分數。第三列則是陣列最小的元素由前往後找，直到第一個及格分數，則在第三列輸出該分數，即印出最低及格分數。

```
else {
    for (i=n-1;i>=0;i--)
        if (num[i] <60){
            printf("%d\n",num[i]);
            break;
        }
    for (i=0;i<=n-1;i++)
        if (num[i] >=60){
            printf("%d\n",num[i]);
            break;
        }
}
```

1.3 參考解答程式碼：成績指標 .c

```
01    #include <stdio.h>
02    #include <stdlib.h>
03
04    void sort(int *a, int l) {
05        int i, j;
06        int v;
07        // 開始排序
08        for(i = 0; i < l - 1; i ++)
09            for(j = i+1; j < l; j ++)
10            {
11                if(a[i] > a[j])
12                {
13                    v = a[i];
14                    a[i] = a[j];
15                    a[j] = v;
16                }
17            }
18    }
19
20    int main(void) {
21        int i;
22        int n;
23        printf(" 請輸入學生人數： ");
24        scanf("%d", &n);
25        int num[21];
26        printf(" 請輸入學生成績： ");
27        for (i=0;i<=n-1;i++)
28            scanf("%d", &num[i]);
29        sort(num,n);// 將成績進行排序
30
31        // 將排序後的成績由小到大印出
32        for (i=0;i<=n-1;i++)
33            printf("%d ",num[i]);
34        printf("\n");
35
36        if (num[0]>=60) {
37            printf("best case \n");// 如果全部分數都大於 60, 表示最佳狀況
38            printf("%d \n",num[0]);// 印出最低及格分數
39        }
40        else if (num[n-1]<60){
41            printf("%d \n",num[n-1]);// 印出最高不及格分數
42            printf("worst case \n"); // 如果全部分數都小於 60, 表示最差狀況
43        }
```

```
44          else {
45              for (i=n-1;i>=0;i--)
46                  if (num[i] <60){
47                      printf("%d\n",num[i]);
48                      break;
49                  }
50              for (i=0;i<=n-1;i++)
51                  if (num[i] >=60){
52                      printf("%d\n",num[i]);
53                      break;
54                  }
55          }
56          return 0;
57      }
```

▶ 範例一執行結果

```
請輸入學生人數: 10
請輸入學生成績: 0 11 22 33 55 66 77 99 88 44
0 11 22 33 44 55 66 77 88 99
55
66

_____
Process exited after 37.65 seconds with return value 0
請按任意鍵繼續 . . . ▄
```

▶ 範例二執行結果

```
請輸入學生人數: 1
請輸入學生成績: 13
13
13
worst case

_____
Process exited after 3.762 seconds with return value 0
請按任意鍵繼續 . . .
```

▶ 範例三執行結果

```
請輸入學生人數: 2
請輸入學生成績: 73 65
65 73
best case
65

_____
Process exited after 6.298 seconds with return value 0
請按任意鍵繼續 . . . ▄
```

程式碼說明

- 第 4~18 列：將陣列內容由小到大排序的自訂函數。

- 第 23~28 列：輸入學生人數及學生成績。

- 第 29 列：將成績進行排序。

- 第 32~34 列：將排序後的成績由小到大印出。

- 第 37 列：如果全部分數都大於 60，表示最佳狀況。

- 第 38 列：印出最低及格分數。

- 第 41 列：印出最高不及格分數。

- 第 42 列：如果全部分數都小於 60，表示最差狀況。

- 第 44~55 列：從陣列最大的元素由後往前找，直到第一個不及格分數，則在第二列輸出該分數，即印出最高不及格分數。第三列則是陣列最小的元素由前往後找，直到第一個及格分數，則在第三列輸出該分數，即印出最低及格分數。

第 ❷ 題：矩陣轉換

2.1　測驗試題

問題描述

矩陣是將一群元素整齊的排列成一個矩形，在矩陣中的橫排稱為列（row），直排稱為行（column），其中以 X_{ij} 來表示矩陣 X 中的第 i 列第 j 行的元素。如圖一中，$X_{32}=6$。

我們可以對矩陣定義兩種操作如下：

　　翻轉：即第一列與最後一列交換、第二列與倒數第二列交換、…依此類推。

　　旋轉：將矩陣以順時針方向轉 90 度。

例如：矩陣 X 翻轉後可得到 Y，將矩陣 Y 再旋轉後可得到 Z。

1	4
2	5
3	6

X

3	6
2	5
1	4

Y

1	2	3
4	5	6

Z

圖一

一個矩陣 A 可以經過一連串的旋轉與翻轉操作後，轉換成新矩陣 B。如圖二中，A 經過翻轉與兩次旋轉後，可以得到 B。給定矩陣 B 和一連串的操作，請算出原始的矩陣 A。

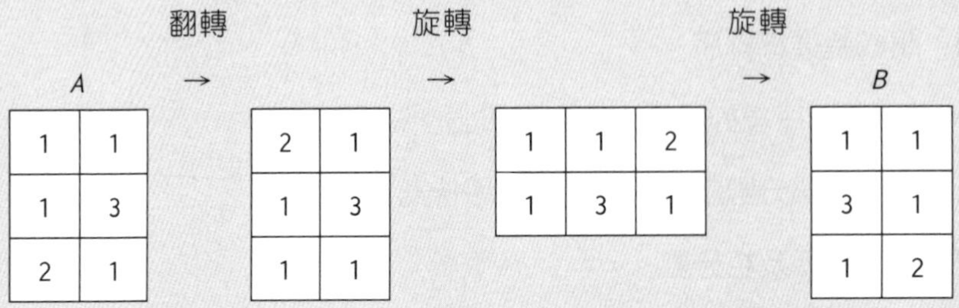

圖二

輸入格式

第一行有三個介於 1 與 10 之間的正整數 R,C,M。接下來有 R 行（line）是矩陣 B 的內容，每一行（line）都包含 C 個正整數，其中的第 i 行第 j 個數字代表矩陣 B_{ij} 的值。在矩陣內容後的一行有 M 個整數，表示對矩陣 A 進行的操作。第 k 個整數 m_k 代表第 k 個操作，如果 m_k=0 則代表旋轉，m_k=1 代表翻轉。同一行的數字之間都是以一個空白間格，且矩陣內容為 0~9 的整數。

輸出格式

輸出包含兩個部分。第一個部分有一行，包含兩個正整數 R' 和 C'，以一個空白隔開，分別代表矩陣 A 的列數和行數。接下來有 R' 行，每一行都包含 C' 個正整數，且每一行的整數之間以一個空白隔開，其中第 i 行的第 j 個數字代表矩陣 A_{ij} 的值。每一行的最後一個數字後並無空白。

範例一：輸入	範例二：輸入
3 2 3	3 2 2
1 1	3 3
3 1	2 1
1 2	1 2
1 0 0	0 1

範例一：正確輸出

3 2

1 1

1 3

2 1

【說明】如圖二所示

範例二：正確輸出

2 3

2 1 3

1 2 3

【說明】

旋轉 →　　　翻轉 →

1	2
2	1
3	3

2	1	3
1	2	3

3	3
2	1
1	2

評分說明

輸入包含若干筆測試資料，每一筆測試資料的執行時間限制（time limit）均為 2 秒，依正確通過測資筆數給分。其中：

第一子題組共 30 分，其每個操作都是翻轉。

第二子題組共 70 分，操作有翻轉也有旋轉。

2.2 解題重點分析

本題目是要從已知的矩陣，以反推的方式，找出原始的矩陣。在實作程式過程中，必須由這個已知矩陣 B，根據在矩陣內容後的一行有 M 個整數，表示對矩陣 A 進行的操作。我們解題的技巧就是將這一行的操作指令，由後往前反向操作，如此一來就可以求取最原始的矩陣 A。

不過要注意的是原題目定義的翻轉：即第一列與最後一列交換、第二列與倒數第二列交換、…依此類推。如果以反向操作來看，只要再翻轉一次，就會回到未翻轉前的矩陣內容。

```
/* 翻轉 */
void flip(int matrixA[X][Y], int row, int col){
    int matrixB[X][Y];
    int i,j;
    for (i=1;i<=row;i++)
        for (j=1;j<=col;j++)
            matrixB[i][j]=matrixA[row-i+1][j];

    for (i=1;i<X;i++)
        for (j=1;j<Y;j++)
            matrixA[i][j]=matrixB[i][j];
}
```

將矩陣以順時針方向轉 90 度。如果要從後反向操作則必須在程式設計上以逆時針方向轉 90 度，才可以回復原先的矩陣內容。有關反向旋轉的函數設計邏輯如下：

```
/* 反向旋轉；將矩陣以逆時針方向轉 90 度 */
void rotate(int matrixA[X][Y], int *row, int *col){
    int matrixB[X][Y];
    int new_row=*col;
    int new_col=*row;
    int i,j;
    for (i=1;i<=new_row;i++)
        for (j=1;j<=new_col;j++)
            matrixB[i][j]=matrixA[j][*col-i+1];

    for (i=1;i<X;i++)
        for (j=1;j<Y;j++)
            matrixA[i][j]=matrixB[i][j];
    *row=new_row;
    *col=new_col;
}
```

2.3 參考解答程式碼：矩陣轉換 .c

```
01    #include <stdio.h>
02    #include <stdlib.h>
03    #define testdata "data2.txt"
04    #define X 10
05    #define Y 10
06    #define Z 10
07
```

```
08    /* 反向旋轉；將矩陣以逆時針方向轉 90 度 */
09    void rotate(int matrixA[X][Y], int *row, int *col){
10        int matrixB[X][Y];
11        int new_row=*col;
12        int new_col=*row;
13        int i,j;
14        for (i=1;i<=new_row;i++)
15            for (j=1;j<=new_col;j++)
16                matrixB[i][j]=matrixA[j][*col-i+1];
17
18        for (i=1;i<X;i++)
19            for (j=1;j<Y;j++)
20                matrixA[i][j]=matrixB[i][j];
21        *row=new_row;
22        *col=new_col;
23    }
24    /* 翻轉 */
25    void flip(int matrixA[X][Y], int row, int col){
26        int matrixB[X][Y];
27        int i,j;
28        for (i=1;i<=row;i++)
29            for (j=1;j<=col;j++)
30                matrixB[i][j]=matrixA[row-i+1][j];
31
32        for (i=1;i<X;i++)
33            for (j=1;j<Y;j++)
34                matrixA[i][j]=matrixB[i][j];
35        }
36
37    int main(void) {
38        FILE *fp;
39        int i,j;
40        int matrixA[X][Y];
41        int action[Z];
42        int row,col,m;
43
44        fp=fopen(testdata,"r");
45        fscanf(fp,"%d %d %d", &row,&col,&m);
46
47        for (i=1;i<=row;i++)
48            for (j=1;j<=col;j++)
49                fscanf(fp,"%d ",&matrixA[i][j]);
50
```

```
51        for (i=1;i<=m;i++)
52            fscanf(fp,"%d", &action[i]);
53
54        for (i=m;i>=1;i--){
55            if (action[i]==0) rotate(matrixA,&row,&col);
56            else flip(matrixA,row,col);
57        }
58
59        printf("%d %d\n",row,col);
60        for(i=1; i<=row; i++)  {
61            for(j=1; j<=col; j++)
62                printf("%d ",matrixA[i][j]);
63            printf("\n");
64            }
65
66        fclose(fp);
67        return 0;
68    }
```

● 範例一：輸入

```
3 2 3
1 1
3 1
1 2
1 0 0
```

● 範例一：正確輸出

```
3 2
1 1
1 3
2 1

------------------------------------
Process exited after 0.2883 seconds with return value 0

請按任意鍵繼續 . . .
```

● 範例二：輸入

```
3 2 2
3 3
2 1
1 2
0 1
```

▶ 範例二：正確輸出

```
2 3
2 1 3
1 2 3


-----------------------------------
Process exited after 0.1718 seconds with return value 0
請按任意鍵繼續 . . .
```

▶ 程式碼說明

- 第 9~23 列：反向旋轉的程式。

- 第 25~35 列：翻轉的程式。

- 第 44~45 列：第一行有三個介於 1 與 10 之間的正整數 r,c,m。

- 第 47~49 列：接下來有 r 行（line）是矩陣 B 的內容，每一行（line）都包含 c 個正整數，其中的第 i 行第 j 個數字代表矩陣 B_{ij} 的值。

- 第 51~52 列：在矩陣內容後的一行有 M 個整數，表示對矩陣 A 進行的操作。第 k 個整數 m_k 代表第 k 個操作，如果 m_k=0 則代表旋轉，m_k=1 代表翻轉。同一行的數字之間都是以一個空白間格，且矩陣內容為 0~9 的整數。

- 第 54~57 列：由後往前反向讀取操作指令，如果操作指令為 0，呼叫反向旋轉函數。如果操作指令為 1，呼叫反向翻轉函數。

- 第 59~64 列：輸出包含兩個部分。第一個部分有一行，包含兩個正整數 R' 和 C'，以一個空白隔開，分別代表矩陣 A 的列數和行數。接下來有 R' 行，每一行都包含 C' 個正整數，且每一行的整數之間以一個空白隔開，其中第 i 行的第 j 個數字代表矩陣 A_{ij} 的值。每一行的最後一個數字後並無空白。

第 ❸ 題：線段覆蓋長度

3.1 測驗試題

問題描述

給定一維座標上一些線段，求這些線段所覆蓋的長度，注意，重疊的部分只能算一次。例如給定三個線段：（5, 6）、（1, 2）、（4, 8）、和（7, 9），如下圖，線段覆蓋長度為 6。

| 0 | 1 | 2 | 3 | 4 | 5 | 6 | 7 | 8 | 9 | 10 |

輸入格式

第一列是一個正整數 N，表示此測試案例有 N 個線段。

接著的 N 列每一列是一個線段的開始端點座標和結束端點座標整數值，開始端點座標值小於等於結束端點座標值，兩者之間以一個空格區隔。

輸出格式

輸出其總覆蓋的長度。

範例一：輸入

輸入	說明
5	此測試案例有 5 個線段
160 180	開始端點座標值與結束端點座標
150 200	開始端點座標值與結束端點座標
280 300	開始端點座標值與結束端點座標
300 330	開始端點座標值與結束端點座標
190 210	開始端點座標值與結束端點座標

範例一：輸出

輸入	說明
110	測試案例的結果

範例二：輸入

輸入	說明
1	此測試案例有 1 個線段
120 120	開始端點座標值與結束端點座標值

範例二：輸出

輸入	說明
0	測試案例的結果

評分說明

輸入包含若干筆測試資料，每一筆測試資料的執行時間限制（time limit）均為 2 秒，依正確通過測資筆數給分。每一個端點座標是一個介於 0~M 之間的整數，每筆測試案例線段個數上限為 N。其中：

第一子題組共 30 分，M<1000，N<100，線段沒有重疊。

第二子題組共 40 分，M<1000，N<100，線段可能重疊。

第三子題組共 30 分，M<10000000，N<10000，線段可能重疊。

3.2 解題重點分析

此題可以先設計一個函數，該函數會傳入一個由字元組成的陣列，並有兩個參數 b 及 c，代表線段的起點與終點，並在該函數以迴圈的方式從線段起始點到線段終點的字元陣列全部設定為字元「Y」，以記錄該線段的資訊。

接著先取第一個線段的資料，再以迴圈的方式依序取出下一個新線段，每取出一個新線段就與原線段進行 OR 運算，如果兩個線段相同索引所記錄的字元陣列，只要其中一個的值為「Y」就將該索引位置的字元陣列設定為字元「Y」。

完成這項工作後，接著再以 while 迴圈去找出字元陣列中記錄字元為「Y」的個數，該值就是所有線段的總覆蓋的長度，再將該值印出即為題目所要求的輸出外觀。

3.3 參考解答程式碼：線段覆蓋長度 .c

```
01   #include <stdio.h>
02   #define testdata "data1.txt"
03   const unsigned long SIZE=9999;
04   void line(char*,int,int);
05
06   int main(void) {
07       int N;
08       char part1[100000];
09       char part2[100000];
10       int start,end;
11       int i;
12       unsigned long j;
13       unsigned long count;
14       FILE *fp;
15
16       fp=fopen(testdata,"r");
17       fscanf(fp,"%d", &N);
18       fscanf(fp,"%d %d", &start, &end);
19
20       line(part1,start,end);   // 先取第一個線段資料
21       for (i=1;i<=N-1;i++){
22           fscanf(fp,"%d %d", &start, &end);
23           line(part2,start,end); // 取出下一個新線段
24           for ( j=0;j<SIZE;j++)// 新線段與原線段進行 OR 運算
25               if (part1[j]=='Y' || part2[j]=='Y')
26                   part1[j]='Y';
27       }
28       count=0; // 計數器歸零
29       int index=0;
30       while (index<SIZE){
31           if( part1[index]=='Y') {
32               count++; // 累加被填滿的線段
33           }
34           index++;
35       }
36       printf("%d",count);
37       fclose(fp);
38       return 0;
```

```
39    }
40
41    void line(char segment[100000],int start,int end){
42        unsigned long j;
43        for (j=start ;j<end;j++) {
44            /* 從起始索引到結束索引之間的線段標示字元 Y */
45            segment[j]='Y';
46        }
47    }
```

▶ 範例一：輸入

```
5
160  180
150  200
280  300
300  330
190  210
```

▶ 範例一：正確輸出

```
110
------------------------------------
Process exited after 0.2134 seconds with return value 0
請按任意鍵繼續 . . .
```

▶ 範例二：輸入

```
1
120  120
```

▶ 範例二：正確輸出

```
110
------------------------------------
Process exited after 0.1988 seconds with return value 0
請按任意鍵繼續 . . . ▄
```

▶ 程式碼說明

- 第 8 列：定義各線段的字元陣列。

- 第 9 列：為了方便兩線段間進行 OR 運算，所以宣告此字元陣列可以記錄新線段的內容值。

- 第 17 列：第一列是一個正整數 N，表示此測試案例有 N 個線段。

- 第 18 列：接著的 N 列每一列是一個線段的開始端點座標和結束端點座標整數值，開始端點座標值小於等於結束端點座標值，兩者之間以一個空格區隔。

- 第 20 列：先取第一個線段資料。

- 第 21~27 列：以迴圈方式依序取出下一個新線段，再將新線段與原線段進行 OR 運算。

- 第 28 列：計數器歸零，用來記錄線段的總覆蓋長度。

- 第 30~35 列：累加被填滿的線段。

- 第 36 列：輸出其總覆蓋的長度。

- 第 41~47 列：標示線段的函數。

第 ❹ 題：血緣關係

4.1 測驗試題

問題描述

小宇有一個大家族。有一天，他發現記錄整個家族成員和成員間血緣關係的家族族譜。小宇對於最遠的血緣關係（我們稱之為 "血緣距離"）有多遠感到很好奇。

右圖為家族的關係圖。0 是 7 的孩子，1、2 和 3 是 0 的孩子，4 和 5 是 1 的孩子，6 是 3 的孩子。我們可以輕易的發現最遠的親戚關係為 4（或 5）和 6，他們的 "血緣距離" 是 4(4~1，1~0，0~3，3~6)。

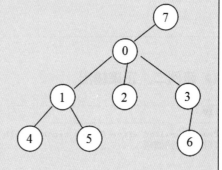

給予任一家族的關係圖，請找出最遠的 "血緣距離"。你可以假設只有一個人是整個家族成員的祖先，而且沒有兩個成員有同樣的小孩。

輸入格式

第一行為一個正整數 n 代表成員的個數，每人以 0~n-1 之間唯一的編號代表。接著的 n-1 行，每行有兩個以一個空白隔開的整數 a 與 b(0≤a,b≤n-1)，代表 b 是 a 的孩子。

輸出格式

每筆測資輸出一行最遠 "血緣距離" 的答案。

範例一：輸入	範例二：輸入
8	4
0 1	0 1
0 2	0 2
0 3	2 3
7 0	
1 4	
1 5	
3 6	
範例一：正確輸出	範例二：正確輸出
4	3
【說明】如題目所附之圖，最遠路徑為 4->1->0->3->6 或 5->1->0->3->6，距離為 4。	【說明】最遠路徑為 1->0->2->3，距離為 3。

評分說明

輸入包含若干筆測試資料，每一筆測試資料的執行時間限制（time limit）均為 3 秒，依正確通過測資筆數給分。其中，

第 1 子題組共 10 分，整個家族的祖先最多 2 個小孩，其他成員最多一個小孩，2≤n≤100。

第 2 子題組共 30 分，2≤n≤100。

第 3 子題組共 30 分，101≤n≤2,000。

第 4 子題組共 30 分，1,001≤n≤100,000。

4.2 解題重點分析

我們可以事先宣告一個 CHILD 的陣列，CHILD 這個陣列可以用來儲存輸入的資料。此陣列所記錄的內容值，索引值 0 記錄 0 號家庭成員的孩子，索引值 1 記錄 1 號家庭成員的孩子，索引值 2 記錄 2 號家庭成員的孩子，以此類推。如果該索引值的元素個數為 0 時，則表示該索引值所代表的家庭成員沒有小孩。

本程式會使用到的變數及函數，功能說明如下：

- answer=0，最終答案，記錄最長血緣距離。

- 函式 distance 計算從根節點出發的最大深度，它是一個遞迴函式，其出口條件是沒有小孩。當只有一個小孩時，此時最大深度必須加 1。

- other_child 陣列是用來記錄該索引的家族成員是否為其他成員的小孩，如果是就設定為數值 1。如果設定為數值 0，就表示該成員不是其他成員的小孩。這個陣列的初值設定為數值 0。

程式一開始必須先找到 root 節點，所謂根節點就是該節點不是任何其他節點的小孩。

程式一開始宣告好相關的變數後，接著就可以開啟資料檔，第一行為一個正整數 n 代表成員的個數，每人以 0~n-1 之間唯一的編號代表。接著的 n-1 行，每行有兩個以一個空白隔開的整數 a 與 b (0 ≤ a,b ≤ n-1)，代表 b 是 a 的孩子。各位可以利用底下的程式碼找出根節點。

```c
for (i=0;i<n;i++) {
    if (other_child[i]==0) {
        root =i ;
        break;
    }
}
```

找到根節點後，可以利用 distance 函數找到由此根節點出發的最大深度，有了這個最大深度後就可以與目前全域變數所記錄的最長血緣距離互相比較，較大的值就是本程式所要求的最遠血緣距離，再將它輸出成獨立的一行。

4.3 參考解答程式碼：血緣關係 .c

```
01  #include <stdio.h>
02  #include <stdlib.h>
03  #include <math.h>
04  #define testdata "data1.txt"
05
06  int distance(int); // 函數原型宣告
07  int max(int,int);   // 函數原型宣告
08  int swap(int *,int *); // 函數原型宣告
09
10  int CHILD[10000][2]; // 記錄每位成員的小孩情況
11  int answer=0; // 最終答案，記錄最長血緣距離
12  int how_many[10000]={0}; // 記錄每位成員有多少小孩
13  char other_child[10000]={0}; // 判斷是否為其他人的小孩
14  int n;   // 家庭成員人數
15
16  int main(void) {
17      FILE *fp;
18      int i;
19      int root;   // 家族的根節點，即祖先
20      int from_root;   // 記錄從根節點出發的最大深度
21
22      // 從外部檔案讀取資料
23      fp=fopen(testdata,"r");
24      fscanf(fp,"%d",&n);   // 讀取家族成員總數
25      // 逐行讀取各成員的小孩資訊
26      for(i=0;i<n-1;i++) {
27          fscanf(fp,"%d %d",&CHILD[i][0],&CHILD[i][1]);
28          how_many[CHILD[i][0]]+=1;
29          other_child[CHILD[i][1]]=1; // 為他人小孩就記錄為 1
30      }
31      // 找出樹狀圖的根節點，即祖先
32      for (i=0;i<n;i++) {
33          if (other_child[i]==0) {
34              root =i ;
35              break;
36          }
37      }
38      from_root=distance(root); // 從根節點出發的最大深度
39      answer=max(from_root,answer);
40      printf("%d", answer);
41
42      return 0;
```

```
43    }
44
45    // 傳回兩數間較大值
46    int max(int x,int y) {
47        if (x>=y) return x;
48        else return y;
49    }
50
51    int swap(int *x,int *y){
52        int temp;
53        temp=*x;
54        *x=*y;
55        *y=temp;
56    }
57
58    // 計算從根節點出發的最大深度
59    int distance(int node)
60    {
61        int depth;// 記錄該家族成員的深度
62        int j;
63
64        // 沒有小孩，遞迴的出口條件
65        if(how_many[node]==0)
66            return 0;
67        // 只有一個小孩時其最大深度為其小孩最大深度再加 1
68        else if(how_many[node]==1)
69            for(int j=0;j<n-1;j++)
70            {
71                if(CHILD[j][0]==node)
72                    return distance(CHILD[j][1])+1;
73            }
74        // 多個小孩
75        else
76        {
77            /*
78            走訪每一個小孩，找出最大深度的前兩名，
79            最大深度儲存到 farthest1，
80             第二大深度儲存到 farthest2
81            */
82            int farthest1=0,farthest2=0;// 最大前兩個的深度
83
84            for(j=0;j<n-1;j++)
85            {
```

```
86              if(CHILD[j][0]==node)
87              {
88                  depth=distance(CHILD[j][1])+1;
89                  if(depth>farthest1)
90                      swap(&depth,&farthest1);
91                  if(depth>farthest2)
92                      farthest2=depth;
93              }
94          }
95          /*
96              中間的節點的分支度大於等於 2，
97              最大血緣距離為其中兩個小孩中 farthest1 與第 farthest2 相加，
98              再和原先的 answer 取較大值
99          */
100         answer = max(answer, farthest1 + farthest2);
101         /*
102             從根節點出發，即家族的祖先
103             回傳該家族成員的最大深度 farthest1
104         */
105         return farthest1;
106     }
107 }
```

▶ 範例一：輸入

```
8
0  1
0  2
0  3
7  0
1  4
1  5
3  6
```

▶ 範例一：正確輸出

```
4

----------------------------------
Process exited after 0.2797 seconds with return value 0
請按任意鍵繼續 . . .
```

● 範例二：輸入

```
4
0  1
0  2
2  3
```

● 範例二：正確輸出

```
3
_____
Process exited after 0.4794 seconds with return value 0
請按任意鍵繼續 . . . ▄
```

● 程式碼說明

■ 第 4 列：定義測試資料的檔案名稱。

■ 第 11 列：全域變數記錄最長血緣距。

■ 第 13 列：宣告記錄指定索引值的家庭成員是否為其他人的小孩的陣列。

■ 第 23 列：開啟測試資料檔。

■ 第 24 列：讀取家庭成員的總數。

■ 第 26~30 列：記錄各家族成員的小孩。

■ 第 32~37 列：找出根節點 root。

■ 第 38 列：求從根節點出發的取大深度。

■ 第 39 列：最大血緣距離為目前所記錄的最大血緣距離與從 root 出發最大深度兩者間取最大值。

■ 第 40 列：輸出一行最遠 " 血緣距離 " 的答案。

Chapter

105 年 10 月觀念題

觀念題 ❶

( ) 右側 F() 函式執行後，輸出為
何？

(A) 1 2

(B) 1 3

(C) 3 2

(D) 3 3

```
void F( ) {
    char t, item[] = {'2', '8', '3', '1', '9'};
    int a, b, c, count = 5;
    for (a=0; a<count-1; a=a+1) {
        c = a;
        t = item[a];
        for (b=a+1; b<count; b=b+1) {
            if (item[b] < t) {
                c = b;
                t = item[b];
            }
            if ((a==2) && (b==3)) {
                printf ("%c %d\n", t, c);
            }
        }
    }
}
```

解題說明

答案 **(B) 1 3**

為了節省答題的時間，各位可以先行觀察在哪一種情況下才會列印資料，由程式中可
以看到只有當 a 等於 2，且 b 等於 3 時才會進行資料的列印工作，因此請直接以 a=2
去觀察迴圈的變化。

■ 第一個迴圈 a=2 時，c=a 所以 c=2，又 t=item[a]=item[2]='3'。

■ 第二個迴圈 b=3 時，先行判斷 if 敘述，如果 item[3]<t 則執行 c=b=3，t=item
[b]=item[3]='1'。這個時候 a 等於 2、b 等於 3 會進行列印工作，此時 t='1'、c 等
於 3，因此印出「1 3」。

完整的參考程式碼如下：105 年 10 月觀念題 /ex01.c

```
01   #include <stdio.h>
02
03   void F( ) {
04       char t, item[] = {'2', '8', '3', '1', '9'};
```

```
05      int a, b, c, count = 5;
06      for (a=0; a<count-1; a=a+1) {
07          c = a;
08          t = item[a];
09          for (b=a+1; b<count; b=b+1) {
10              if (item[b] < t) {
11                  c = b;
12                  t = item[b];
13              }
14              if ((a==2) && (b==3)) {
15                  printf ("%c %d\n", t, c);
16              }
17          }
18      }
19  }
20
21  int main(void)
22  {
23      F();
24      return 0;
25  }
```

▶ 執行結果

```
1 3

-------------------------------------
Process exited after 0.2028 seconds with return value 0
請按任意鍵繼續 . . . ▬
```

觀念題 ❷

(　　) 右側 switch 敘述程式碼可以如何以 if-else
改寫？

```
switch (x) {
    case 10: y = 'a';      break;
    case 20:
    case 30: y = 'b';      break;
    default: y = 'c';
}
```

(A) if (x==10) y = 'a';

　　if (x==20 || x==30) y = 'b';

　　y = 'c';

(B) if (x==10) y = 'a';

　　else if (x==20 || x==30) y = 'b';

　　else y = 'c';

(C) if (x==10) y = 'a';

　　if (x > =20 && x < =30) y = 'b';

　　y = 'c';

(D) if (x==10) y = 'a';

　　else if(x > =20 && x < =30) y = 'b';

　　else y = 'c';

解題說明

答案 **(B) if (x==10) y = 'a';**

　　　　else if (x==20 || x==30) y = 'b';

　　　　else y = 'c';

if...else if 條件敘述雖然可以達成多選一的結構，可是當條件判斷式增多時，使用上就不如這裡將要介紹的 switch 條件敘述來得簡潔易懂，尤其過多的 else-if 常會造成程式維護的困擾。因此，C 語言中提供了 switch 敘述，讓程式更加簡潔易懂。

switch 條件敘述的使用格式如下：

```
switch（條件判斷式）
{
    case 判斷值 1：
            程式敘述 1；
                :
            break；
    case 判斷值 2：
            程式敘述 2；
                :
            break；
                :
    case 判斷值 n：
            程式敘述 n；
                :
            break；
                :
    default：
            default 區程式敘述：
                :
}
```

首先來看看 switch 的括號（），當中置放是要與在大括號｛｝裡的 case 標籤內所定義之值做比對的變數，取出變數中的數值之後，程式開始與先前定義在 case 之內的數字或字元作比對，如果符合就執行該 case 下的程式碼，直到遇到 break 之後離開 switch 敘述區塊，如果沒有符合的數值或字元，程式會跑去執行 default 下的程式碼。

本程式中的

```
case 20:
case 30:y='b';break;
```

這道指令的意思是當 x 等於 20 或 30 時，此時 y 的值設定為 'b'，如果改寫成 if 指令，等同於底下的敘述：

```
else if (x==20) || x==30) y='b'
```

觀念題 ❸

(　　) 給定右側 G(), K() 兩函式，執行 G(3) 後所回傳的值為何？

(A) 5

(B) 12

(C) 14

(D) 15

```
int K(int a[], int n) {
  if (n >= 0)
    return (K(a, n-1) + a[n]);
  else
    return 0;
}

int G(int n){
  int a[] = {5,4,3,2,1};
  return K(a, n);
}
```

解題說明

答案 (C) 14

這是一種互相呼叫遞迴的程式設計，遇到這類問題一定要先確定遞迴的結束條件，K 函數中可以看出當第 2 個參數 n 小於 0 時為遞迴結束的出口，直接將 G(3) 代入程式，整個數值的變化如下：

```
G(3)=K(a,3)
    =K(a,2)+a[3]
    =k(a,1)+a[2]+2（因為 a[3]=2）
    =k(a,0)+a[1]+3+2（因為 a[2]=3）
    =k(a,-1)+a[0]+4+5（因為 a[1]=4）
    =0+5+9（因為 a[0]=5）
    =14
```

完整的參考程式碼如下：105 年 10 月觀念題 /ex03.c

```
01    #include <stdio.h>
02
03    int K(int a[], int n) {
04        if (n >= 0)
05            return (K(a, n-1) + a[n]);
06        else
07            return 0;
08    }
09    int G(int n){
```

```
10        int a[] = {5,4,3,2,1};
11        return K(a, n);
12    }
13
14    int main(void)
15    {
16        printf("%d",G(3));
17        return 0;
18    }
```

● 執行結果

```
14
------------------------------------
Process exited after 0.1555 seconds with return value 0
請按任意鍵繼續 . . . ■
```

觀念題 ④

(　)右側程式碼執行後輸出結果為何？

    (A) 3

    (B) 4

    (C) 5

    (D) 6

```
int a=2, b=3;
int c=4, d=5;
int val;

val = b/a + c/b + d/b;
printf ("%d\n", val);
```

解題說明

答案 (A) 3

這個題目在考一個觀念，在 C 語言中整理相除的資料型態與被除數相同，因此相除後商為整數型態，因此 val= b/a+2/b+d/b=3/2+4/3+5/3=1+1+1=3

觀念題 ❺

(　　) 右側程式碼執行後輸出結果為何？

(A) 2 4 6 8 9 7 5 3 1 9

(B) 1 3 5 7 9 2 4 6 8 9

(C) 1 2 3 4 5 6 7 8 9 9

(D) 2 4 6 8 5 1 3 7 9 9

```c
int a[9] = {1, 3, 5, 7, 9, 8, 6, 4, 2};
int n=9, tmp;

for (int i=0; i<n; i=i+1) {
    tmp = a[i];
    a[i] = a[n-i-1];
    a[n-i-1] = tmp;
}
for (int i=0; i<=n/2; i=i+1)
    printf ("%d %d ", a[i], a[n-i-1]);
```

解題說明

答案 (C) 1 2 3 4 5 6 7 8 9 9

此題主要測驗學生是否能完全理解迴圈的使用，程式中第一個 for 迴圈主要工作是進行元素的交換，第二個 for 迴圈則是進行資料的列印工作，完整的操作過程如下：

i 值	迴圈工作任務	a 陣列內容
0	a[0] 和 a[8] 交換	{2,3,5,7,9,8,6,4,1}
1	a[1] 和 a[7] 交換	{2,4,5,7,9,8,6,3,1}
2	a[2] 和 a[6] 交換	{2,4,6,7,9,8,5,3,1}
3	a[3] 和 a[5] 交換	{2,4,6,8,9,7,5,3,1}
4	a[4] 和 a[4] 交換	{2,4,6,8,9,7,5,3,1}
5	a[5] 和 a[3] 交換	{2,4,6,7,9,8,5,3,1}
6	a[6] 和 a[2] 交換	{2,4,5,7,9,8,6,3,1}
7	a[7] 和 a[1] 交換	{2,3,5,7,9,8,6,4,1}
8	a[8] 和 a[0] 交換	{1,3,5,7,9,8,6,4,2}

所以第一個 for 迴圈等同又回復原來的陣列內容，接著進入第二個 for 迴圈進行列印工作：

當 i=0 時，列印 a[0] 和 a[8]，即「1 2」。

當 i=1 時，列印 a[1] 和 a[7]，即「3 4」。

當 i=2 時，列印 a[2] 和 a[6]，即「5 6」。

當 i=4 時，列印 a[3] 和 a[5]，即「7 8」。

當 i=4 時，列印 a[4] 和 a[4]，即「9 9」。

完整的參考程式碼如下：105 年 10 月觀念題 /ex05.c

```c
01  #include <stdio.h>
02
03  int K(int a[], int n) {
04      if (n >= 0)
05          return (K(a, n-1) + a[n]);
06      else
07          return 0;
08  }
09  int G(int n){
10      int a[] = {5,4,3,2,1};
11      return K(a, n);
12  }
13
14  int main(void)
15  {
16      int a[9] = {1, 3, 5, 7, 9, 8, 6, 4, 2};
17      int n=9, tmp;
18      /* 底下迴圈頭尾交換兩次，又回到原來順序 */
19      for (int i=0; i<n; i=i+1) {
20          tmp = a[i];
21          a[i] = a[n-i-1];
22          a[n-i-1] = tmp;
23      }
24
25      for(int i=0;i<=n-1;i++) {
26          printf("%d ",a[i]);
27      }
28          printf("\n");
29      for (int i=0; i<=n/2; i=i+1)
30          printf ("%d %d ", a[i], a[n-i-1]);
31
32      return 0;
33  }
```

▶ 執行結果

```
1 3 5 7 9 8 6 4 2
1 2 3 4 5 6 7 8 9 9
-----------------------------------
Process exited after 0.1839 seconds with return value 0
請按任意鍵繼續 . . .
```

觀念題 ❻

( ) 右側函式以 F(7) 呼叫後回傳值為 12，則 <condition> 應為何？

(A) a < 3

(B) a < 2

(C) a < 1

(D) a < 0

```
int F(int a) {
    if ( <condition> )
        return 1;
    else
        return F(a-2) + F(a-3);
}
```

解題說明

答案 (D) a < 0

以選項 (A) 為例，當函數的參數 a 小於 3 則回傳數值 1。

可以推演出下列的方程式：

F(7)=F(5)+F(4)=F(3)+F(2)+F(2)+F(1)=F(2)+F(1) +F(2)+F(2)+F(1)=1+1+1+1+1=5

其它選項的作法依上述作法，可以得到當 a<0 時，F(7) 呼叫後回傳值為 12。

完整的參考程式碼如下：105 年 10 月觀念題 /ex06.c

```
01    #include <stdio.h>
02
03    int F(int a) {
04        if ( a<0 )
05            return 1;
06        else
07            return F(a-2) + F(a-3);
08    }
09
10    int main(void)
11    {
12        printf("%d",F(7));
13
14        return 0;
15    }
```

▶ 執行結果

```
12
--------------------------------
Process exited after 0.178 seconds with return value 0
請按任意鍵繼續 . . .
```

觀念題 ❼

(　　)若 n 為正整數，右側程式三個迴圈執行完畢後 a 值將為何？

(A) n(n+1)/2

(B) $n^3/2$

(C) n(n-1)/2

(D) n^2(n+1)/2

```
int a=0, n;
   …
for (int i=1; i<=n; i=i+1)
    for (int j=i; j<=n; j=j+1)
        for (int k=1; k<=n; k=k+1)
            a = a + 1;
```

解題說明

答案 (D) n^2(n+1)/2

當 i=1 時 j 執行 n 次，當 i=2 時 j 執行 n-1 次，當 i=3 時 j 執行 n-2 次，…當 i=n 時 j 執行 1 次，因此前兩個迴圈的總執行次數為：

n+n-1+n-2+n-3+…+1=n*(n+1)/2

第三個迴圈的執行次數為 n，因此總執行次數為 n^2(n+1)/2。

觀念題 ❽

(　　)下面哪組資料若依序存入陣列中，將無法直接使用二分搜尋法搜尋資料？

(A) a, e, i, o, u

(B) 3, 1, 4, 5, 9

(C) 10000, 0, -10000

(D) 1, 10, 10, 10, 100

解題說明

答案 (B) 3, 1, 4, 5, 9

二分搜尋法的特性是資料必須事先排序，不論是由小到大或由大到小，選項 (B) 資料沒有按照一定的方式進行排序，因此這筆資料無法直接以二分搜尋法來找尋指定的資料。

觀念題 ❾

(　　) 右側是依據分數 s 評定等第的程式碼片段，正確的等第公式應為：

90~100 判為 A 等

80~89 判為 B 等

70~79 判為 C 等

60~69 判為 D 等

0~59 判為 F 等

這段程式碼在處理 0~100 的分數時，有幾個分數的等第是錯的？

(A) 20

(B) 11

(C) 2

(D) 10

```c
if (s>=90) {
    printf ("A \n");
}
else if (s>=80) {
    printf ("B \n");
}
else if (s>60) {
    printf ("D \n");
}
else if (s>70) {
    printf ("C \n");
}
else {
    printf ("F\n");
}
```

解題說明

答案 (B) 11

「else if(s>70)」這列程式的位置錯誤，應該放在「else if(s>60)」之前，而且「else if(s>60)」必須改成「else if(s>=60)」，否則 60 分會被印出 F 而造成錯誤，另外 70-79 分也會判斷錯誤，所以本程式會造成 11 個錯誤。

完整的參考程式碼如下：105 年 10 月觀念題 /ex09.c

```c
01    #include <stdio.h>
02
03    int main(void)
04    {
05        for(int s=100;s>=0;s--)
06        {
07            printf(" 分數 =%d 等級 =",s);
08            if (s>=90) {
09                printf ("A \n");
```

```
10            }
11          else if (s>=80) {
12              printf ("B \n");
13            }
14          else if (s>60) {
15              printf ("D \n");
16            }
17          else if (s>70) {
18              printf ("C \n");
19            }
20          else {
21              printf ("F\n");
22            }
23        }
24
25        return 0;
26    }
```

▶ 執行結果

```
分數=20 等級=F
分數=19 等級=F
分數=18 等級=F
分數=17 等級=F
分數=16 等級=F
分數=15 等級=F
分數=14 等級=F
分數=13 等級=F
分數=12 等級=F
分數=11 等級=F
分數=10 等級=F
分數=9 等級=F
分數=8 等級=F
分數=7 等級=F
分數=6 等級=F
分數=5 等級=F
分數=4 等級=F
分數=3 等級=F
分數=2 等級=F
分數=1 等級=F
分數=0 等級=F

--------------------------------
```

觀念題 ❿

(　　) 右側主程式執行完三次 G() 的呼叫後，p 陣列中有幾個元素的值為 0？

(A) 1

(B) 2

(C) 3

(D) 4

```c
int K (int p[], int v) {
    if (p[v]!=v) {
        p[v] = K(p, p[v]);
    }
    return p[v];
}

void G (int p[], int l, int r) {
    int a=K(p, l), b=K(p, r);
    if (a!=b) {
        p[b] = a;
    }
}

int main (void) {
    int p[5]={0, 1, 2, 3, 4};
    G(p, 0, 1);
    G(p, 2, 4);
    G(p, 0, 4);
    return 0;
}
```

解題說明

答案 (C) 3

■ G(p,0,1) 時

A=K(p,0)，因為 p[0]=0，所以 a=0。

B=K(p,1)，因為 p[1]=1，所以 b=1。

因為 a!=b，符合 if 條件，因此 p[1]=0，所以陣列 p 的內容為 {0,0,2,3,4}

■ G(p,2,4) 時

A=K(p,2)，因為 p[0]=2，所以 a=2。

B=K(p,4)，因為 p[4]=1，所以 b=4。

因為 a!=b，符合 if 條件，因此 p[4]=2，所以陣列 p 的內容為 {0,0,2,3,2}

■ G(p,0,4) 時

A=K(p,2)，因為 p[0]=0，所以 a=0。

B=K(p,4)，因為 p[4]=2，所以 b=2。

因為 a!=b，符合 if 條件，因此 p[2]=0，所以陣列 p 的內容為 {0,0,0,3,2}

因此陣列 p 有三個元素為 0。

完整的參考程式碼如下：105 年 10 月觀念題 /ex10.c

```
01   #include <stdio.h>
02
03   int K (int p[], int v) {
04       if (p[v]!=v) {
05           p[v] = K(p, p[v]);
06       }
07       return p[v];
08   }
09   void G (int p[], int l, int r) {
10       int a=K(p, l), b=K(p, r);
11       if (a!=b) {
12           p[b] = a;
13       }
14   }
15
16   int main(void)
17   {
18       int p[5]={0, 1, 2, 3, 4};
19       G(p, 0, 1);
20       for(int i=0;i<5;i++) {
21           printf("%d",p[i]);
22       }
23       printf("\n");
24       G(p, 2, 4);
25       for(int i=0;i<5;i++) {
26           printf("%d",p[i]);
27       }
28       printf("\n");
29       G(p, 0, 4);
30       for(int i=0;i<5;i++) {
31           printf("%d",p[i]);
32       }
33       printf("\n");
34
35       return 0;
36   }
```

▶ **執行結果**

```
00234
00232
00032

------------------------------------
Process exited after 0.1615 seconds with return value 0
請按任意鍵繼續 . . . ▃
```

觀念題 ⑪

(　　) 下列程式片段執行後，
count 的值為何？

(A) 36

(B) 20

(C) 12

(D) 3

```c
int maze[5][5]= {{1, 1, 1, 1, 1},
                 {1, 0, 1, 0, 1},
                 {1, 1, 0, 0, 1},
                 {1, 0, 0, 1, 1},
                 {1, 1, 1, 1, 1} };
int count=0;
for (int i=1; i<=3; i=i+1) {
    for (int j=1; j<=3; j=j+1) {
        int dir[4][2] = {{-1,0}, {0,1}, {1,0}, {0,-1}};
        for (int d=0; d<4; d=d+1) {
            if (maze[i+dir[d][0]][j+dir[d][1]]==1) {
                count = count + 1;
            }
        }
    }
}
```

解題說明

答案 (B) 20

這個題目是一個迷宮矩陣。前兩個迴圈的 i 值是迷宮二維陣列 maze 的列，j 值是迷宮二維陣列 maze 的行，dir 為左 (-1,0)、上 (0,1)、右 (1,0)、下 (0,-1) 四個方向的移動量，這個程式主要計算每一個位置的可能行徑的總數，舉例來說：

■ i=1　j=1 的位置，計算該位置的左、上、右、下四個方位共有多少個 1，以這個位置為例，共有 4 個 1。

■ i=1　j=2 的位置，計算該位置的左、上、右、下四個方位共有多少個 1，以這個位置為例，共有 1 個 1。

■ i=1　j=3 的位置，計算該位置的左、上、右、下四個方位共有多少個 1，以這個位置為例，共有 3 個 1。

綜合上述 i=1 的情況下，變數 count 的計數為 8。

同理當 i=2 時也有三個位置要去計算該位置左、上、右、下四個方位共有多少個 1，結果如下：

■ i=2　j=1 的位置，計算該位置的左、上、右、下四個方位共有多少個 1，以這個位置為例，共有 1 個 1。

■ i=2　j=2 的位置，計算該位置的左、上、右、下四個方位共有多少個 1，以這個位置為例，共有 2 個 1。

■ i=2　j=3 的位置，計算該位置的左、上、右、下四個方位共有多少個 1，以這個位置為例，共有 2 個 1。

同理當 i=3 時也有三個位置要去計算該位置左、上、右、下四個方位共有多少個 1，結果如下：

■ i=3　j=1 的位置，計算該位置的左、上、右、下四個方位共有多少個 1，以這個位置為例，共有 3 個 1。

■ i=3　j=2 的位置，計算該位置的左、上、右、下四個方位共有多少個 1，以這個位置為例，共有 2 個 1。

■ i=3　j=3 的位置，計算該位置的左、上、右、下四個方位共有多少個 1，以這個位置為例，共有 2 個 1。

當程式結束後，count 變數值 =8+(1+2+2)+(3+2+2)=8+5+7=20

完整的參考程式碼如下：105 年 10 月觀念題 /ex11.c

```
01   #include <stdio.h>
02
03
04   int main(void)
05   {
06       int maze[5][5]= {{1, 1, 1, 1, 1},
07                        {1, 0, 1, 0, 1},
08                        {1, 1, 0, 0, 1},
09                        {1, 0, 0, 1, 1},
10                        {1, 1, 1, 1, 1} };
11       int count=0;
12       for (int i=1; i<=3; i=i+1) {
13           for (int j=1; j<=3; j=j+1) {
14               int dir[4][2] = {{-1,0}, {0,1}, {1,0}, {0,-1}};
15               for (int d=0; d<4; d=d+1) {
16                   if (maze[i+dir[d][0]][j+dir[d][1]]==1) {
17                       count = count + 1;
18                   }
19               }
20           }
```

```
21         }
22         printf("%d",count);
23
24         return 0;
25   }
```

▶ 執行結果

```
20
--------------------------------
Process exited after 0.1611 seconds with return value 0
請按任意鍵繼續 . . .
```

觀念題 ⑫

(　) 右側程式片段執行過程中的輸出為何？

(A) 5 10 15 20

(B) 5 11 17 23

(C) 6 12 18 24

(D) 6 11 17 22

```
int a = 5;
  ...
for (int i=0; i<20; i=i+1){
    i = i + a;
    printf ("%d ", i);
}
```

解題說明

答案 (B) 5 11 17 23

初始值 a=5，進入迴圈時 i 的初始值為 0，接著 i 值的變化如下：

i=i+a -> i=0+5 -> i=5   // 印出 5

i=i+1 -> i=5+1 -> i=6

i=i+a -> i=6+5 -> i=11   // 印出 11

i=i+1 -> i=11+1 -> i=12

i=i+a -> i=12+5 -> i=17   // 印出 17

i=i+1 -> i=17+1 -> i=18

i=i+a -> i=18+5 -> i=23   // 印出 23

因為 i=23 符合 for 迴圈的結束條件，所以就結束迴圈的工作。

觀念題 ⑬

( ) 若宣告一個字元陣列 char str[20]="Hello world!"; 該陣列 str[12] 值為何？

(A) 未宣告

(B) \0

(C) !

(D) \n

解題說明

答案 (B) \0

陣列的起始索引為 0，因為字串共有 12 字元，因為儲存在 str[0]~str[11] 的位置，字串的最後一個字元之後必須以「\0」當結束字元，因此 str[12] 儲存「\0」。

觀念題 ⑭

( ) 假設 x,y,z 為布林（boolean）變數，且 x=TRUE, y=TRUE, z=FALSE。請問下面各布林運算式的真假值依序為何？（TRUE 表真，FALSE 表假）

- !(y||z)||x
- !y||(z||!x)
- z||(x &&(y||z))
- (x||x)&& z

(A) TRUE FALSE TRUE FALSE

(B) FALSE FALSE TRUE FALSE

(C) FALSE TRUE TRUE FALSE

(D) TRUE TRUE FALSE TRUE

解題說明

答案 (A) TRUE FALSE TRUE FALSE

此考題的重點在於邏輯運算子的理解，及運算子的優先順序的熟悉，在此複習這兩個重點，所有這類型的題目皆可輕易解答。

邏輯運算子是運用在以判斷式來做為程式執行流程控制的時刻。通常可作為兩個運算式之間的關係判斷。至於邏輯運算子判斷結果的輸出與比較運算子相同，僅有「真 (True)」與「假 (False)」兩種，並且分別可輸出數值「1」與「0」。C 中的邏輯運算子共有三種，如下表所示：

運算子	功能
&&	AND
||	OR
!	NOT

■ && 運算子

當 && 運算子 (AND) 兩邊的運算式皆為真 (true) 時，其執行結果才為真，任何一邊為假（false）時，執行結果都為假。

■ || 運算子

當 || 運算子 (OR) 兩邊的運算式，其中一邊為真 (true) 時，執行結果就為真，否則為假。

■ ! 運算子

這是一元運算子的一種，可以將運算式的結果變成相反值。

邏輯運算子也可以連續使用，例如：

```
a<b && b<c || c<a
```

當連續使用邏輯運算子時，它的計算順序為由左至右，也就是先計算「a<b && b<c」，然後再將結果與「c<a」進行 OR 的運算。

此例 x=TRUE，y=TRUE，z=FALSE

!(y || z) || x= !(TRUE) || TRUE=FALSE || TRUE=TEUE

!y || (z || !x)= !TRUE ||(FALSE ||FALSE)=FALSE||FALSE=FALSE

z || (x && (y || z))=FALSE||(TRUE &&TRUE)=FALSE||TRUE=TRUE

(x || x) && z=TRUE && FALSE=FALSE

觀念題 ⑮

(　　) 右側程式片段執行過程的輸出
為何？

(A) 44

(B) 52

(C) 54

(D) 63

```
int i, sum, arr[10];

for (int i=0; i<10; i=i+1)
    arr[i] = i;
sum = 0;
for (int i=1; i<9; i=i+1)
    sum = sum - arr[i-1] + arr[i] + arr[i+1];
printf ("%d", sum);
```

解題說明

答案 (B) 52

初始值 sum=0，arr[0]=0、arr[1]=1、…、arr[9]=9

進入第二個迴圈：
i=1
sum=sum-arr[i-1]+arr[i]+arr[i+1]=sum-arr[0]+arr[1]+arr[2]=sum-0+1+2=sum+3
i=2
sum=sum-arr[i-1]+arr[i]+arr[i+1]=sum-arr[1]+arr[2]+arr[3]=sum-1+2+3=sum+4
i=3
sum=sum-arr[i-1]+arr[i]+arr[i+1]=sum-arr[2]+arr[3]+arr[4]=sum-2+3+4=sum+5
.....
i=8
sum=sum-arr[i-1]+arr[i]+arr[i+1]=sum-arr[8]+arr[9]+arr[10]=sum-2+3+4=sum+10

因此最後印出的 sum=3+4+5…+10=52

完整的參考程式碼如下：105 年 10 月觀念題 /ex15.c

```
01    #include <stdio.h>
02
03    int main(void)
04    {
05        int i, sum, arr[10];
06        for (int i=0; i<10; i=i+1)
07            arr[i] = i;
08        sum = 0;
09        for (int i=1; i<9; i=i+1)
10            sum = sum - arr[i-1] + arr[i] + arr[i+1];
11        printf ("%d", sum);
12
13        return 0;
14    }
```

▶ 執行結果

```
52
--------------------------------------
Process exited after 0.168 seconds with return value 0
請按任意鍵繼續 . . .
```

觀念題 ⑯

(　　) 右列程式片段中，假設 a, a_ptr 和
a_ptrptr 這三個變數都有被正確宣
告，且呼叫 G() 函式時的參數為 a_
ptr 及 a_ptrptr。G() 函式的兩個參
數型態該如何宣告？

(A) (a)*int, (b)*int

(B) (a)*int, (b)**int

(C) (a)int*, (b)int*

(D) (a)int*, (b)int**

```
void G ( __(a)__ a_ptr, __(b)__ a_ptrptr) {
    …
}

void main () {
    int a = 1;
    // 加入 a_ptr, a_ptrptr 變數的宣告
    …
    a_ptr = &a;
    a_ptrptr = &a_ptr;
    G (a_ptr, a_ptrptr);
}
```

解題說明

答案 (D) (a) int*, (b) int**

這是單一指標及雙重指標的用法，指標其實就可以看成是一種變數，所不同的是指標並不儲存數值，而是記憶體的位址。只要透過 &（取址運算子）就能求出變數所在的位址。在一般情況下，我們並不會直接處理記憶體位址的問題，因為變數就已經包括了記憶體位址的資訊，它會直接告訴程式，應該到記憶體中的何處取出數值。所以宣告指標時，首先必須定義指標的資料型態，並於資料型態後加上「*」字號（稱為取值運算子或反參考運算子），再給予指標名稱，即可宣告一個指標變數。指標所儲存的是變數所指向的記憶體位址，透過這個位址就可存取該變數的內容。指標本身就是一個變數，其所佔有的記憶體空間也擁有一個位址，我們可以宣告「指標的指標」（pointer of pointer），來儲存指標儲存資料時所使用到的記憶體位址，例如一個宣告雙重指標的例子：

```
int **ptr;
```

簡單來說，雙重指標變數所存放的就是某個指標變數在記憶體中的位址，也就是這個 ptr 就是一個指向指標的指標變數。例如以下的宣告：

```
int num=100,*ptr1,**ptr2;
ptr1=&num;
ptr2=&ptr1;
```

由以上得知，ptr1 是指向 num 的位址，則 *ptr1=num=100；而 ptr2 是指向 ptr 的位址，則 *ptr2=ptr1，經過兩次「取值運算子」運算後，可以得到 **ptr2=num=100。

完整的參考程式碼如下：105 年 10 月觀念題 /ex16.c

```
01    #include <stdio.h>
02
03    void G ( int* a_ptr, int** a_ptrptr) {
04
05    }
06
07    int main(void)
```

```
08    {
09        int a = 1;
10        // 加入 a_ptr, a_ptrptr 變數的宣告
11        int* a_ptr;
12        int** a_ptrptr;
13        a_ptr = &a;
14        a_ptrptr = &a_ptr;
15        G (a_ptr, a_ptrptr);
16
17        printf ("%d  %d", *a_ptr, **a_ptrptr);
18
19        return 0;
20    }
```

▶ 執行結果

```
1   1
-----------------------------------
Process exited after 0.1561 seconds with return value 0
請按任意鍵繼續 . . .
```

觀念題 ⑰

( ) 右側程式片段中執行後若要印出下列圖
案，(a) 的條件判斷式該如何設定？

```
******

****

**
```

(A) k > 2

(B) k > 1

(C) k > 0

(D) k > -1

```
for (int i=0; i<=3; i=i+1) {
    for (int j=0; j<i; j=j+1)
        printf(" ");
    for (int k=6-2*i;  (a)  ; k=k-1)
        printf("*");
    printf("\n");
}
```

解題說明

答案 (C) k > 0

這個題目只要觀察第三個 for 迴圈列印 "*" 的次數即可推論出，請分別將各選項帶入程式中去觀察第三個 for 迴圈的第一次執行次數（即 i=0）。

(A) k > 2 時 for (int k=6-2*i; k > 2; k=k-1)，將 i=0 帶入迴圈：

　　for (int k=6; k > 2; k=k-1)，此迴圈共執行 4 次，會印出 4 個星號。

(B) k > 1 時 for (int k=6-2*i; k > 1; k=k-1)，將 i=0 帶入迴圈：

　　for (int k=6; k > 1; k=k-1)，此迴圈共執行 5 次，會印出 5 個星號。

(C) k > 0 時 for (int k=6-2*i; k > 0; k=k-1)，將 i=0 帶入迴圈：

　　for (int k=6; k > 0; k=k-1)，此迴圈共執行 6 次，會印出 6 個星號。

(D) k > -1 時 for (int k=6-2*i; k > -1; k=k-1)，將 i=0 帶入迴圈：

　　for (int k=6; k > -1; k=k-1)，此迴圈共執行 7 次，會印出 7 個星號。

只有選項 (C) k > 0 符合和題目第一列輸出的星號個數相同。

完整的參考程式碼如下：105 年 10 月觀念題 /ex17.c

```
01   #include <stdio.h>
02
03   int main(void)
04   {
05       for (int i=0; i<=3; i=i+1) {
06           for (int j=0; j<i; j=j+1)
07               printf(" ");
08           for (int k=6-2*i; k>0 ; k=k-1)
09               printf("*");
10           printf("\n");
11       }
12
13       return 0;
14   }
```

▶ 執行結果

```
******
 ****
  **

_____
Process exited after 0.1604 seconds with return value 0
請按任意鍵繼續 . . .
```

觀念題 ⑱

(   ) 給定右側 G() 函式，執行 G(1) 後所輸出
　　　的值為何？

　　　(A) 1 2 3

　　　(B) 1 2 3 2 1

　　　(C) 1 2 3 3 2 1

　　　(D) 以上皆非

```
void G (int a){
    printf ("%d ", a);
    if (a>=3)
        return;
    else
        G(a+1);
    printf ("%d ", a);
}
```

解題說明

答案 (B) 1 2 3 2 1

❶ 執行 G(1)：執行 printf ("%d ", a)，先印出 1。接著進入 if (a>=3) 的判斷式，
　條件不成立，故執行 G(2)，接著將 G(1) 最後一列的輸出指令 printf ("%d ",
　a)，存入堆疊。

❷ 執行 G(2)：執行 printf ("%d ", a)，先印出 2。接著進入 if (a>=3) 的判斷式，
　條件不成立，故執行 G(3)，接著將 G(2) 最後一列的輸出指令 printf ("%d ",
　a)，存入堆疊。

❸ 執行 G(3)：執行 printf ("%d ", a);，先印出 3。接著進入 if (a>=3) 的判斷
　式，條件成立，故執行 return。

❹ 回到堆疊中儲存的指令，執行 G(2) 最後一列的輸出指令 printf ("%d ", a)，印出 2。

❺ 回到堆疊中儲存的指令，執行 G(1) 最後一列的輸出指令 printf ("%d ", a)，印出 1。

所以答案為「1 2 3 2 1」。

本考題應用了資料結構的堆疊觀念，堆疊 (Stack) 是一群相同資料型態的組合，所有
的動作均在頂端進行，具「後進先出」(Last In, First Out, LIFO) 的特性。堆疊結
構在電腦中的應用相當廣泛，時常被用來解決電腦的問題，例如前面所談到的遞迴呼
叫、副程式的呼叫，至於在日常生活中的應用也隨處可以看到，例如大樓電梯、貨架
上的貨品等等，都是類似堆疊的資料結構原理。

所謂後進先出 (Last In, Frist Out) 的觀念，其實就如同自助餐的餐盤由桌面往上一個一個疊放，且取用時由最上面先拿，這就是一種典型堆疊概念的應用。

由於堆疊是一種抽象型資料結構 (Abstract Data Type, ADT)，它有下列特性：

---

① 只能從堆疊的頂端存取資料。

② 資料的存取符合「後進先出」(LIFO, Last In First Out) 的原則。

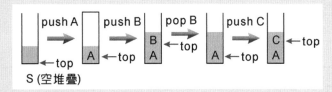

完整的參考程式碼如下：105 年 10 月觀念題 /ex18.c

```
01    #include <stdio.h>
02
03    void G (int a){
04        printf ("%d ", a);
05        if (a>=3)
06            return;
07        else
08            G(a+1);
09            printf ("%d ", a);
10        }
11    int main(void)
12    {
13        G(1);
14        return 0;
15    }
```

⊙ 執行結果

```
1 2 3 2 1
------------------------------------
Process exited after 0.1787 seconds with return value 0
請按任意鍵繼續 . . .
```

觀念題 ⑲

(　　) 下列程式碼是自動計算找零程式的一部分，程式碼中三個主要變數分別為 Total（購買總額），Paid（實際支付金額），Change（找零金額）。但是此程式片段有冗餘的程式碼，請找出冗餘程式碼的區塊。

(A) 冗餘程式碼在 A 區

(B) 冗餘程式碼在 B 區

(C) 冗餘程式碼在 C 區

(D) 冗餘程式碼在 D 區

```
int Total, Paid, Change;
  ...
Change = Paid - Total;
printf ("500 : %d pieces\n", (Change-Change%500)/500);
Change = Change % 500;

printf ("100 : %d coins\n", (Change-Change%100)/100);
Change = Change % 100;

// A 區
printf ("50 : %d coins\n", (Change-Change%50)/50);
Change = Change % 50;

// B 區
printf ("10 : %d coins\n", (Change-Change%10)/10);
Change = Change % 10;

// C 區
printf ("5 : %d coins\n", (Change-Change%5)/5);
Change = Change % 5;

// D 區
printf ("1 : %d coins\n", (Change-Change%1)/1);
Change = Change % 1;
```

解題說明

答案 **(D) 冗餘程式碼在 D 區**

```
// D 區
printf ("1 : %d coins\n", (Change-Change%1)/1);
Change = Change % 1;
```

Change 再去除以 1 求取整數這個動作是沒有必要的，因為 Change 已經是 1 元硬幣的個數。

完整的參考程式碼如下：105 年 10 月觀念題 /ex19.c

```
01   #include <stdio.h>
02
03   int main(void)
04   {
05       int Total, Paid, Change;
06       Total=162;
07       Paid=1000;
08       Change = Paid - Total;
09       printf ("500 : %d pieces\n", (Change-Change%500)/500);
10       Change = Change % 500;
11       printf ("100 : %d coins\n", (Change-Change%100)/100);
12       Change = Change % 100;
13       // A 區
14       printf ("50 : %d coins\n", (Change-Change%50)/50);
15       Change = Change % 50;
16       // B 區
17       printf ("10 : %d coins\n", (Change-Change%10)/10);
18       Change = Change % 10;
19       // C 區
20       printf ("5 : %d coins\n", (Change-Change%5)/5);
21       Change = Change % 5;
22
23       printf ("1 : %d coins\n", Change);
24       return 0;
25   }
```

▶ 執行結果

```
500 : 1 pieces
100 : 3 coins
50 : 0 coins
10 : 3 coins
5 : 1 coins
1 : 3 coins

---------------------------------
Process exited after 0.1726 seconds with return value 0
請按任意鍵繼續 . . .
```

觀念題 ⑳

（　　） 右側程式執行後輸出為何？

(A) 0

(B) 10

(C) 25

(D) 50

```c
int G (int B) {
    B = B * B;
    return B;
}

int main () {
    int A=0, m=5;

    A = G(m);
    if (m < 10)
        A = G(m) + A;
    else
        A = G(m);
    printf ("%d \n", A);
    return 0;
}
```

解題說明

答案 (D) 50

直接從主程式下手，A=0, m=5

A=G(5)=5*5=25

因為 m=5 符合 if (m < 10) 條件式，故 A=G(5)+A=G(5)+25=5*5+25=50

完整的參考程式碼如下：105 年 10 月觀念題 /ex20.c

```c
01   #include <stdio.h>
02
03   int G (int B) {
04       printf (" 自己加入用來追蹤值的 B= %d \n", B);
05       B = B * B;
06       return B;
07   }
08
09   int main(void)
10   {
11       int A=0, m=5;
12       A = G(m);
13       printf (" 自己加入用來追蹤值的 A= %d \n", A);
```

```
14        if (m < 10) {
15            A = G(m) + A;
16            printf (" 自己加入用來追蹤值的 A= %d \n", A);
17        }
18        else
19            A = G(m);
20
21        printf (" 原題目要追蹤的最終的 A 值 = %d \n", A);
22        return 0;
23    }
```

▶ **執行結果**

```
自己加入用來追蹤值的B= 5
自己加入用來追蹤值的A= 25
自己加入用來追蹤值的B= 5
自己加入用來追蹤值的A= 50
原題目要追蹤的最終的A值= 50


---------------------------------------
Process exited after 0.1923 seconds with return value 0
請按任意鍵繼續 . . . ■
```

觀念題 ㉑

(　　) 右側 G() 應為一支遞迴函式，已知當 a 固定為 2，不同的變數 x 值會有不同的回傳值如下表所示。請找出 G() 函式中 (a) 處的計算式該為何？

```
int G (int a, int x) {
    if (x == 0)
        return 1;
    else
        return    (a)    ;
}
```

a 值	x 值	G(a, x) 回傳值
2	0	1
2	1	6
2	2	36
2	3	216
2	4	1296
2	5	7776

(A) ((2*a)+2)*G(a, x-1)

(B) (a+5)*G(a-1, x-1)

(C) ((3*a)-1)*G(a, x-1)

(D) (a+6)*G(a, x-1)

解題說明

答案 **(A) ((2*a)+2) * G(a, x - 1)**

本題建議從表格中的 a,x 值逐一帶入選項 (A) 到選項 (D)，去驗證所求的 G(a,x) 的值是否和表格中的值相符，就可以推算出答案。

❶ a=2 x=0，所有選項都不會執行到 else 指令，所以每個選項的 G 函數的回傳值都是 1，全部符合表格中的數值 1。

❷ a=2 x=1：

- 選項 (A) ((2*a)+2)*G(a, x-1)=((2*2)+2)*G(2,0)=6*1=6
- 選項 (B) (a+5)*G(a-1, x-1) =(2+5)*G(1,1)=7*1=7
- 選項 (C) ((3*a)-1)*G(a, x-1) =((3*2)-1)*G(2,0)=5*1=5
- 選項 (D) (a+6)*G(a, x-1)=(2+6)*G(2,0)=8*1=8

完整的參考程式碼如下：105 年 10 月觀念題 /ex21.c

```
01   include <stdio.h>
02
03   int G (int a, int x) {
04       if (x == 0)
05           return 1;
06       else
07           return ((2*a)+2) * G(a, x - 1) ;
08   }
09
10   int main(void)
11   {
12       printf(" 選項 A 的結果 :\n");
13       for(int x=0;x<=5;x++){
14           printf("%d \n",G(2,x));
15       }
16
17       return 0;
18   }
```

執行結果

```
選項n的結果:
1
6
36
216
1296
7776

_____
Process exited after 0.1524 seconds with return value 0
請按任意鍵繼續 . . . ■
```

觀念題 ㉒

(　　) 如果 X_n 代表 X 這個數字是 n 進位，請問 $D02A_{16}+5487_{10}$ 等於多少？

(A) $1100\ 0101\ 1001\ 1001_2$

(B) 162631_8

(C) 58787_{16}

(D) $F599_{16}$

解題說明

答案 (B) 162631_8

本題純綷是各種進位間的轉換問題，建議把題目及各答案都轉換成十進位，就可以比較出哪一個答案才是正確。

$D02A_{16}+5487_{10}=(13*16^3+2*16+10)+5487=58777$

(A)$1100\ 0101\ 1001\ 1001_2=C599_{16}=12*16^3+5*16^2+9*16+9=50585$

(B)$162631_8=1*8^5+6*8^4+2*8^3+6*8^2+3*8+1=58777$

(C)$58787_{16}=5*16^4+8*16^3+7*16^2+8*16+7=362375$

(D)$F599_{16}=15*16^3+5*16^2+9*16+9=62873$

觀念題 ㉓

( ) 請問右側程式，執行完後輸出為何？

(A) 2417851639229258349412352 7

(B) 68921 43

(C) 65537 65539

(D) 134217728 6

```
int i=2, x=3;
int N=65536;
while (i <= N) {
  i = i * i * i;
  x = x + 1;
}
printf ("%d %d \n", i, x);
```

解題說明

答案 (D) 134217728 6

演算過程如下：

初始值：i=2　x=3

接著進入迴圈，迴圈的離開條件是判斷 i 是否小於 N(65536)，各變數內容變化如下：

❶ i=i*i*i 將 i=2 帶入，得到 i=8

　 x=x+1 將 x=3 帶入，得到 x=4

❷ i=i*i*i 將 i=8 帶入，得到 i=512

　 x=x+1 將 x=4 帶入，得到 x=5

❸ i=i*i*i 將 i=512 帶入，得到 i=134217728

　 x=x+1 將 x=5 帶入，得到 x=6

完整的參考程式碼如下：105 年 10 月觀念題 /ex23.c

```
01   #include <stdio.h>
02
03   int main(void)
04   {
05       int i=2, x=3;
06       int N=65536;
07       while (i <= N) {
08           printf ("過程中變化 %d %d \n", i, x);
09           i = i * i * i;
10           x = x + 1;
```

```
11      }
12      printf ("%d %d \n", i, x);
13
14      return 0;
15   }
```

▶ **執行結果**

```
過程中變化 2 3
過程中變化 8 4
過程中變化 512 5
134217728 6

--------------------------------
Process exited after 0.1692 seconds with return value 0
請按任意鍵繼續 . . .
```

觀念題 ㉔

( ) 右側 G() 為遞迴函式，G(3,7) 執行後回傳值為何？

(A) 128

(B) 2187

(C) 6561

(D) 1024

```
int G (int a, int x) {
    if (x == 0)
        return 1;
    else
        return (a * G(a, x - 1));
}
```

解題說明

答案 (B) 2187

```
G(3,7)
=3*G(3,6)
=3*3*G(3,5)
=3*3*3*G(3,4)
=3*3*3*3*G(3,3)
=3*3*3*3*3*G(3,2)
=3*3*3*3*3*3*G(3,1)
=3*3*3*3*3*3*3*G(3,0)
=3*3*3*3*3*3*3*1
=2187
```

完整的參考程式碼如下：105 年 10 月觀念題 /ex24.c

```
01    #include <stdio.h>
02    int G (int a, int x) {
03        if (x == 0)
04            return 1;
05        else
06            return (a * G(a, x - 1));
07    }
08
09    int main(void)
10    {
11        printf ("%d \n", G(3,7));
12        return 0;
13    }
```

▶ 執行結果

```
2187

------------------------------------
Process exited after 0.147 seconds with return value 0
請按任意鍵繼續 . . . ■
```

觀念題 ㉕

( )　右側函式若以 search(1, 10, 3) 呼叫時，search 函式總共會被執行幾次？

(A) 2

(B) 3

(C) 4

(D) 5

```
void search (int x, int y, int z) {
    if (x < y) {
        t = ceiling ((x + y)/2);
        if (z >= t)
            search(t, y, z);
        else
            search(x, t - 1, z);
    }
}
```

註：ceiling() 為無條件進位至整數位。
例如 ceiling(3.1)=4, ceiling(3.9)=4。

解題說明

答案 (C) 4

遇到這類遞迴函數的問題，一定要先找到該遞迴函數的出口條件，以本例 search 函數為例，當「x>=y」時，就不會執行遞迴函數的呼叫，因此，當 x 值大於或等於 y 值時，就會結束遞迴。此題要各位以 search (1, 10, 3) 呼叫 search 函數，並問各位這樣的呼叫過程 search 函數總共會被執行幾次。

完整的執行過程如下：

❶ 第 1 次執行 search(1,10,3) 函數，此處「x=1 y=10 z=3」，

　因為此處 x<y，所以 t=ceiling((1+10)/2)=6

　因為 z<t，所以執行 search(x,t-1,z)，即執行 search(1,5,3)。

❷ 第 2 次執行 search(1,5,3) 函數，此處「x=1 y=5 z=3」，

　因為此處 x<y，所以 t=ceiling((1+5)/2)=3

　因為 z=t，所以執行 search(t,y,z)，即執行 search(3,5,3)。

❸ 第 3 次執行 search(3,5,3) 函數，此處「x=3 y=5 z=3」，

　因為此處 x<y，所以 t=ceiling((3+5)/2)=4

　因為 z<t，所以執行 search(x,t-1,z)，即執行 search(3,4-1,3)= search(3,3,3)。

❹ 第 4 次執行 search(3,3,3) 函數，此處「x=3 y=3 z=3」，

　因為此處 x==y，符合 search() 函數的出口條件，因此結束此函數的執行。

綜合上述，當以 search(1, 10, 3) 呼叫時，search() 函數共會被執行 4 次。

MEMO

Chapter

105 年 10 月實作題

第 ❶ 題：三角形辨別

1.1 測驗試題

問題描述

三角形除了是最基本的多邊形外，亦可進一步細分為鈍角三角形、直角三角形及銳角三角形。若給定三個線段的長度，透過下列公式的運算，即可得知此三線段能否構成三角形，亦可判斷是直角、銳角和鈍角三角形。

提示：若 a、b、c 為三個線段的邊長，且 c 為最大值，則

若 $a + b \leq c$　　　　　　　　，三線段無法構成三角形

若 $a \times a + b \times b < c \times c$，三線段構成鈍角三角形（Obtuse triangle）

若 $a \times a + b \times b = c \times c$，三線段構成直角三角形（Right triangle）

若 $a \times a + b \times b > c \times c$，三線段構成銳角三角形（Acute triangle）

請設計程式以讀入三個線段的長度，判斷並輸出此三線段可否構成三角形？若可，判斷並輸出其所屬三角形類型。

輸入格式

輸入僅一行包含三正整數，三正整數皆小於 30,001，兩數之間有一空白。

輸出格式

輸出共有兩行，第一行由小而大印出此三正整數，兩數字之間以一個空白間格，最後一個數字後不應有空白；第二行輸出三角形的類型：

若無法構成三角形時輸出「No」；

若構成鈍角三角形時輸出「Obtuse」；

若直角三角形時輸出「Right」；

若銳角三角形時輸出「Acute」。

範例一：輸入	範例二：輸入	範例三：輸入
3 4 5	101 100 99	10 100 10
範例一：正確輸出	範例二：正確輸出	範例三：正確輸出
3 4 5 Right	99 100 101 Acute	10 10 100 No
【說明】a×a+b×b=c×c 成立時為直角三角形。	【說明】邊長排序由小到大輸出，a×a+b×b>c×c 成立時為銳角三角形。	【說明】由於無法構成三角形，因此第二行須印出「No」。

評分說明

輸入包含若干筆測試資料，每一筆測試資料的執行時間限制（time limit）均為 1 秒，依正確通過測資筆數給分。

1.2 解題重點分析

輸入三個邊長，並將這三邊長由小到大排序。

```
printf(" 請輸入三邊長：例如：3 4 5 \n");
scanf(" %d %d %d",&side[0],&side[1],&side[2]);

/* 三邊長由小到大排序 */
sort(side,3);
```

要判斷這三個邊長能否構成一個三角形？構成三角形的條件：三角形任二邊長和大於第三邊，所以只要最小的兩邊和小於第三邊，就可以提前離開。至於如何判斷是直角、銳角或鈍角是以底下的式子來判斷：

如果 $a^2+b^2>c^2$ 是銳角三角形。

如果 $a^2+b^2=c^2$ 是直角三角形。

如果 $a^2+b^2<c^2$ 是鈍角三角形。

1.3 參考解答程式碼：三角形辨別 .c

```c
01  #include <stdio.h>
02  #include <math.h>
03
04  void sort(int *a, int l) {
05      int i, j;
06      int v;
07      // 開始排序
08      for(i = 0; i < l - 1; i ++)
09          for(j = i+1; j < l; j ++)
10          {
11              if(a[i] > a[j])
12              {
13                  v = a[i];
14                  a[i] = a[j];
15                  a[j] = v;
16              }
17          }
18  }
19
20  int main(void) {
21      int side[3];
22
23      printf(" 請輸入三邊長：例如：3 4 5 \n");
24      scanf(" %d %d %d",&side[0],&side[1],&side[2]);
25
26      /* 三邊長由小到大排序 */
27      sort(side,3);
28      /* 輸出由小到大排序的三邊長 */
29      printf("%d %d %d\n",side[0],side[1],side[2]);
30
31      if(side[0]+side[1]<=side[2])    // 無法形成三角形
32      {
33          printf("No");
34          return 0;
35      }
36
37      if(pow(side[0],2)+pow(side[1],2)<pow(side[2],2))
38          printf("Obtuse");
39      else
40          if(pow(side[0],2)+pow(side[1],2)!=pow(side[2],2))
41              printf("Acute");
42          else
43              printf("Right");
44
45      return 0;
46  }
```

範例一執行結果

```
請輸入三角形三邊長:
3 4 5
3 4 5
Right
--------------------------------
Process exited after 16.37 seconds with return value 0
請按任意鍵繼續 . . .
```

範例二執行結果

```
請輸入三角形三邊長:
101 100 99
99 100 101
Acute
--------------------------------
Process exited after 4.436 seconds with return value 0
請按任意鍵繼續 . . .
```

範例三執行結果

```
請輸入三角形三邊長:
10 100 10
10 10 100
No
--------------------------------
Process exited after 3.096 seconds with return value 0
請按任意鍵繼續 . . .
```

程式碼說明

- 第 23~24 列：輸入三角形三邊長。

- 第 27 列：較三邊以 a, b, c 由小到大排序。

- 第 31~35 列：如果最小的兩邊和小於第三邊則無法形成三角形。

- 第 37~43 列：判斷三角形的類型。

第 ❷ 題：最大和

2.1 測驗試題

問題描述

給定 N 群數字，每群都恰有 M 個正整數。若從每群數字中各選擇一個數字（假設第 i 群所選出數字為 t_i），將所選出的 N 個數字加總即可得總和 S=t_1+t_2+…+t_N。請寫程式計算 S 的最大值（最大總和），並判斷各群所選出的數字是否可以整除 S。

輸入格式

第一行有二個正整數 N 和 M，1≤N≤20，1≤M≤20。

接下來的 N 行，每一行各有 M 個正整數 x_i，代表一群整數，數字與數字間有一個空格，且 1≤i≤M，以及 1≤x_i≤256。

輸出格式

第一行輸出最大總和 S。

第二行按照被選擇數字所屬群的順序，輸出可以整除 S 的被選擇數字，數字與數字間以一個空格隔開，最後一個數字後無空白；若 N 個被選擇數字都不能整除 S，就輸出 –1。

範例一：輸入	範例二：輸入
3 2	4 3
1 5	6 3 2
6 4	2 7 9
1 1	4 7 1
	9 5 3
範例一：正確輸出	範例二：正確輸出
12	31
6 1	–1
【說明】挑選的數字依序是 5,6,1，總和 S=12。而此三數中可整除 S 的是 6 與 1，6 在第二群，1 在第 3 群所以先輸出 6 再輸出 1。注意，1 雖然也出現在第一群，但她不是第一群中挑出的數字，所以順序是先 6 後 1。	【說明】挑選的數字依序是 6,9,7,9，總和 S=31。而此四數中沒有可整除 S 的，所以第二行輸出 –1。

評分說明

輸入包含若干筆測試資料,每一筆測試資料的執行時間限制(time limit)均為 1
秒,依正確通過測資筆數給分。其中:

第 1 子題組 20 分:$1 \leqq N \leqq 20$,M=1。

第 2 子題組 30 分:$1 \leqq N \leqq 20$,M=2。

第 3 子題組 50 分:$1 \leqq N \leqq 20$,$1 \leqq M \leqq 20$。

2.2 解題重點分析

首先開啟檔案,並從檔案中第一行讀取變數 N 及 M 的數值,其中為給定 N 群數字,每群
都恰有 M 個正整數。接下來由檔案中讀取 N 群數字。

```
fp=fopen(testdata,"r");
fscanf(fp,"%d %d", &N, &M);

int i,j;
for (i=0;i<N;i++)
    for (j=0;j<M;j++)
        fscanf(fp,"%d", &number[i][j]);
```

資料讀取完畢後,利用一個一維陣列 BIG[] 來記錄 N 群數字中每群數字中的最大數字,然
後將各群數字的最大值進行加總,即最大總和,並將其輸出。

```
for (i=0;i<N;i++){
    BIG[i]=number[i][0];
    for (j=1;j<M;j++){
        if (number[i][j]>BIG[i])
            BIG[i]=number[i][j];
    }
}

int sum=0;
for (i=0;i<N;i++)  // 求和
    sum=sum+BIG[i];

printf("%d \n",sum);
```

接著使用迴圈依序判斷該最大總和能被那些群體的最大數字整除，並將這些可以整除 S 的被選擇數字，數字與數字間以一個空格隔開，最後一個數字後無空白。如果若 N 個被選擇數字都不能整除 S，就輸出 -1。

```
// 找各群組中最大值能整除 sum 的數字
char flag='N';
for (i=0;i<N;i++){
    if(sum % BIG[i]==0){
        flag='Y';
        printf("%d ",BIG[i]);
    }
}
if (flag=='N') // 如果找不到整除者，則輸出 -1
    printf("-1 \n");
```

2.3 參考解答程式碼：最大和 .c

```
01    #include <stdio.h>
02    #define testdata "data1.txt"
03
04    int main(void) {
05        FILE *fp;
06        int number[20][20];
07        int BIG[20];
08        int N; //N 群數字
09        int M; // 每群有 M 個正整數
10
11        fp=fopen(testdata,"r");
12        fscanf(fp,"%d %d", &N, &M);
13
14        int i,j;
15        for (i=0;i<N;i++)
16            for (j=0;j<M;j++)
17                fscanf(fp,"%d", &number[i][j]);
18
19        for (i=0;i<N;i++){
20            BIG[i]=number[i][0];
21            for (j=1;j<M;j++){
22                if (number[i][j]>BIG[i])
23                BIG[i]=number[i][j];
24            }
25        }
```

```
26
27        int sum=0;
28        for (i=0;i<N;i++)    // 求各群組整數中最大值的總和
29            sum=sum+BIG[i];
30
31        printf("%d \n",sum);
32        // 找各群組中最大值能整除 sum 的數字
33        char flag='N';
34        for (i=0;i<N;i++){
35            if(sum % BIG[i]==0){
36                flag='Y';
37                printf("%d ",BIG[i]);
38            }
39        }
40        if (flag=='N') // 如果找不到整除者，則輸出 -1
41            printf("-1 \n");
42
43        return 0;
44    }
```

▶ 範例一輸入

```
3 2
1 5
6 4
1 1
```

▶ 範例一正確輸出

```
12
6 1
--------------------------------
Process exited after 0.2402 seconds with return value 0
請按任意鍵繼續 . . .
```

▶ 範例二輸入

```
4 3
6 3 2
2 7 9
4 7 1
9 5 3
```

範例二正確輸出

```
31
-1

-----------------------------------
Process exited after 0.21 seconds with return value 0
請按任意鍵繼續 . . .
```

程式碼說明

■ 第 11~12 列：從檔案中讀取變數 N 及 M 的值。

■ 第 15~17 列：檔案中讀取 N 群數字。

■ 第 19~25 列：找出每個字群的取大數字並存入 BIG 陣列中。

■ 第 27~29 列：求取各群最大字的總和。

■ 第 33~39 列：使用迴圈依序判斷該最大總和能被哪些群體的最大數字整除。

■ 第 40~41 列：如果找不到整除者，則輸出 -1。

第 ❸ 題：定時 K 彈

3.1 測驗試題

問題描述

「定時 K 彈」是一個團康遊戲，N 個人圍成一個圈，由 1 號依序到 N 號，從 1 號開始依序傳遞一枚玩具炸彈，炸彈每次到第 M 個人就會爆炸，此人即淘汰，被淘汰的人要離開圓圈，然後炸彈再從該淘汰者的下一個開始傳遞。遊戲之所以稱 K 彈是因為這枚炸彈只會爆炸 K 次，在第 K 次爆炸後，遊戲即停止，而此時在第 K 個淘汰者的下一位遊戲者被稱為幸運者，通常就會被要求表演節目。例如 N=5，M=2，如果 K=2，炸彈會爆炸兩次，被爆炸淘汰的順序依序是 2 與 4（參見下圖），這時 5 號就是幸運者。如果 K=3，剛才的遊戲會繼續，第三個淘汰的是 1 號，所以幸運者是 3 號。如果 K=4，下一輪淘汰 5 號，所以 3 號是幸運者。給定 N、M 與 K，請寫程式計算出誰是幸運者。

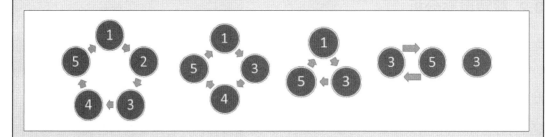

輸入格式

輸入只有一行包含三個正整數，依序為 N、M 與 K，兩數中間有一個空格分開。其中 1≤K<N。

輸出格式

請輸出幸運者的號碼，結尾有換行符號。

範例一：輸入	範例二：輸入
5 2 4	8 3 6
範例一：正確輸出	範例二：正確輸出
3	4
【說明】被淘汰的順序是 2、4、1、5，此時 5 的下一位是 3，也是最後剩下的，所以幸運者是 3。	【說明】被淘汰的順序是 3、6、1、5、2、8，此時 8 的下一位是 4，所以幸運者是 4。

評分說明

輸入包含若干筆測試資料，每一筆測試資料的執行時間限制（time limit）均為 1 秒，依正確通過測資筆數給分。其中：

第 1 子題組 20 分，1≤N≤100，且 1≤M≤10，K=N-1。

第 2 子題組 30 分，1≤N≤10,000，且 1≤M≤1,000,000，K=N-1。

第 3 子題組 20 分，1≤N≤200,000，且 1≤M≤1,000,000，K=N-1。

第 4 子題組 30 分，1≤N≤200,000，且 1≤M≤1,000,000，1≤K<N。

3.2 解題重點分析

本題較佳的作法是利用資料結構環狀串列來實作，因為這個例子會涉及大量的資料刪除的動作，所以較不適合以陣列方式來實作。另外，本例子也會運用到 C 語言的結構技巧及環狀串列的作法。相關說明如下：

結構能允許形成一種衍生資料型態（derived data type），它以 C 現有的資料型態作為基礎，允許使用者建立自訂資料型態。因此結構宣告後，只是告知編譯器產生一種新的資料型態，接著還必須宣告結構變數，才可以開始使用結構來存取其成員。例如本例的結構 node 是由兩個長整數所組，其中 data 欄位是用來儲存該節的資料，另一個 next 欄位則是指標欄位，用來指向下一筆資料節點：

```
struct node {
    unsigned long no;
    unsigned long next;
};
typedef struct node player;
player person[200000];
```

鏈結串列 (Linked List) 是由許多相同資料型態的項目，依特定順序排列而成的線性串列，但特性是在電腦記憶體中位置是不連續、隨機 (Random) 的方式儲存，優點是資料的插入或刪除都相當方便。當有新資料加入就向系統要一塊記憶體空間，資料刪除後，就把空間還給系統，不需要移動大量資料。缺點就是設計資料結構時較為麻煩，另外在搜尋資料時，也無法像靜態資料一般可隨機讀取資料，必須循序找到該資料為止。

日常生活中有許多鏈結串列的抽象運用，例如可以把「單向鏈結串列」想像成自強號火車，有多少人就只掛多少節的車廂，當假日人多時，需要較多車廂時可多掛些車廂，人少了就把車廂數量減少，作法十分彈性。或者像遊樂場中的摩天輪也是一種「環狀鏈結串列」的應用，可以自由增加坐廂數量。

在單向鏈結串列中，維持串列首是相當重要的事，因為單向鏈結串列有方向性，所以如果串列首指標被破壞或遺失，則整個串列就會遺失，並且浪費整個串列的記憶體空間。

但是如果我們把串列的最後一個節點指標指向串列首，而不是指向 NULL，整個串列就成為一個單方向的環狀結構。如此一來便不用擔心串列首遺失的問題了，因為每一個節點都可以是串列首，也可以從任一個節點來追縱其他節點。通常可做為記憶體工作區與輸出入緩衝區的處理及應用。如下圖所示：

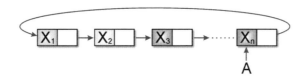

簡單來說，環狀鏈結串列 (Circular Linked List) 的特點是在串列中的任何一個節點，都可以達到此串列內的各節點，建立的過程與單向鏈結串列相似，唯一的不同點是必須要將最後一個節點指向第一個節點。下段程式碼就是建立本程式建立環狀串列的作法：

```
// 建立環狀鏈結串列
for (i=0 ;i<N-1;i++){
    person[i].no=i+1;
    person[i].next=i+1;
}
person[N-1].no=N;
person[N-1].next=0; // 串列尾指向串列頭形成一個環狀鏈結串列
```

至於如何從環狀串列刪除指定的作法，可以參考底下的程式碼，其關鍵作法就是將要刪除的節點的前一個位置的指標指向目前要刪除節點的指標欄所指向的節點，如此一來，就可以將環狀串列中被刪除節點的前後節點串連起來，相關程式碼如下：

```
bomb=0;  // 記錄爆炸次數的變數，並事先歸零
while(bomb<K){
    count=count+1;      // 計數器
    if (count==M){
        // 從環狀串列中刪除這個號碼的位置
        person[pre].next=person[current].next;
        count=0;  // 計數器歸零
        N=N-1; // 剩下玩遊戲的人的總數少 1
        bomb++;// 爆炸次數累加 1
    }
    pre=current;
    current=person[current].next;
}
```

3.3 參考解答程式碼：定時 K 彈 .c

```
01   #include <stdio.h>
02
03   struct node {
04       unsigned long no;
05       unsigned long next;
06   };
07
08   typedef struct node player;
09   player person[200000];
10
11   int main(void) {
12       unsigned long N; //N 個人玩遊戲
13       unsigned long M; // 傳到第 M 個人就會爆炸
14       unsigned long K; // 炸彈只會爆炸 K 次
15       unsigned long bomb; // 用來累計爆炸次數的變數
16       int i;
17
18
19       printf(" 請輸入 n m k 三變數的值，中間以空白隔開：\n");
20       scanf("%d %d %d", &N, &M, &K);
21       // 建立環狀鏈結串列
22       for (i=0 ;i<N-1;i++){
23           person[i].no=i+1;
24           person[i].next=i+1;
25       }
26       person[N-1].no=N;
27       person[N-1].next=0; // 串列尾指向串列頭形成一個環狀鏈結串列
28
29       unsigned long count=0; // 記錄炸彈傳到第幾人的計數器
30       unsigned long current=0;// 目前炸彈傳到哪一位玩家的索引值
31       unsigned long pre=0; // 前一位拿炸彈玩家的索引值
32       bomb=0;// 記錄爆炸次數的變數，並事先歸零
33       while(bomb<K){
34           count=count+1; // 計數器
35           if (count==M){
36               // 從環狀串列中刪除這個號碼的位置
37               person[pre].next=person[current].next;
38               count=0; // 計數器歸零
39               N=N-1; // 剩下玩遊戲的人的總數少 1
40               bomb++; // 爆炸次數累加 1
41           }
42           pre=current;
43       current=person[current].next;
44       }
45       printf("%d\n",person[current].no);
46       return 0;
47   }
```

📀 範例一執行結果

```
請輸入n m k三變數的值,中間以空白隔開:
5 2 4
3
_____
Process exited after 6.829 seconds with return value 0
請按任意鍵繼續 . . .
```

被淘汰的順序是 2、4、1、5，此時 5 的下一位是 3，也是最後剩下的，所以幸運者是 3。

📀 範例二執行結果

```
請輸入n m k三變數的值,中間以空白隔開:
8 3 6
4
_____
Process exited after 5.59 seconds with return value 0
請按任意鍵繼續 . . . ▄
```

被淘汰的順序是 3、6、1、5、2、8，此時 8 的下一位是 4，所以幸運者是 4。

📀 程式碼說明

- 第 3~6 列：以結構資料型態來進行環狀鏈結串列的節點宣告。

- 第 22~27 列：建立環狀鏈結串列，串列尾指向串列頭形成一個環狀鏈結串列。

- 第 32 列：記錄爆炸次數的變數，並事先歸零。

- 第 33~44 列：當計數器累加到變數 M 次後，就從環狀串列中刪除目前這個號碼的位置，接著進行計數器歸零，並將剩下玩遊戲的人的總數少 1，再將爆炸次數累加 1。

- 第 45 列：輸出幸運者的號碼，結尾有換行符號。

第 ❹ 題：棒球遊戲

4.1 測驗試題

問題描述

謙謙最近迷上棒球，他想自己寫一個簡化的棒球遊戲計分程式。這個程式會讀入球隊中每位球員的打擊結果，然後計算出球隊的得分。

這是個簡化版的模擬，假設擊球員的打擊結果只有以下情況：

(1) 安打：以 1B, 2B, 3B 和 HR 分別代表一壘打、二壘打、三壘打和全（四）壘打。

(2) 出局：以 FO, GO, 和 SO 表示。

這個簡化版的規則如下：

(1) 球場上有四個壘包，稱為本壘、一壘、二壘和三壘。

(2) 站在本壘握著球棒打球的稱為「擊球員」，站在另外三個壘包的稱為「跑壘員」。

(3) 當擊球員的打擊結果為「安打」時，場上球員（擊球員與跑壘員）可以移動；結果為「出局」時，跑壘員不動，擊球員離場，換下一位擊球員。

(4) 球隊總共有九位球員，依序排列。比賽開始由第 1 位開始打擊，當第 i 位球員打擊完畢後，由第 (i+1) 位球員擔任擊球員。當第九位球員完畢後，則輪回第一位球員。

(5) 當打出 K 壘打時，場上球員（擊球員和跑壘員）會前進 K 個壘包。從本壘前進一個壘包會移動到一壘，接著是二壘、三壘，最後回到本壘。

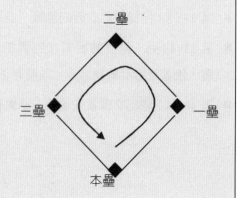

(6) 每位球員回到本壘時可得 1 分。

(7) 每達到三個出局數時，一、二和三壘就會清空（跑壘員都得離開），重新開始。

請寫出具備這樣功能的程式，計算球隊的總得分。

輸入格式

1. 每組測試資料固定有十行。

2. 第一到九行，依照球員順序，每一行代表一位球員的打擊資訊。每一行開始有一個正整數 a(1≤a≤5)，代表球員總共打了 a 次。接下來有 a 個字串（均為兩個字元），依序代表每次打擊的結果。資料之間均以一個空白字元隔開。球員的打擊資訊不會有錯誤也不會缺漏。

3. 第十行有一個正整數 b(1≤b≤27)，表示我們想要計算當總出局數累計到 b 時，該球隊的得分。輸入的打擊資訊中至少包含 b 個出局。

輸出格式

計算在總計第 b 個出局數發生時的總得分，並將此得分輸出於一行。

範例一：輸入	範例二：輸入
5 1B 1B FO GO 1B	5 1B 1B FO GO 1B
5 1B 2B FO FO SO	5 1B 2B FO FO SO
4 SO HR SO 1B	4 SO HR SO 1B
4 FO FO FO HR	4 FO FO FO HR
4 1B 1B 1B 1B	4 1B 1B 1B 1B
4 GO GO 3B GO	4 GO GO 3B GO
4 1B GO GO SO	4 1B GO GO SO
4 SO GO 2B 2B	4 SO GO 2B 2B
4 3B GO GO FO	4 3B GO GO FO
3	6
範例一：正確輸出	範例二：正確輸出
0	5
【說明】	【說明】接續範例一，達到第三個出局數時
1B：一壘有跑壘員。	未得分，壘上清空。
1B：一、二壘有跑壘員。	1B：一壘有跑壘員。
SO：一、二壘有跑壘員，一出局。	SO：一壘有跑壘員，一出局。
FO：一、二壘有跑壘員，兩出局。	3B：三壘有跑壘員，一出局，得一分。
1B：一、二、三壘有跑壘員，兩出局。	1B：一壘有跑壘員，一出局，得兩分。
GO：一、二、三壘有跑壘員，三出局。	2B：二、三壘有跑壘員，一出局，得兩分。
達到第三個出局數時，一、二、三壘均有跑壘員，但無法得分。因為 b=3，代表三個出局就結束比賽，因此得到 0 分。	HR：一出局，得五分。
	FO：兩出局，得五分。
	1B：一壘有跑壘員，兩出局，得五分。
	GO：一壘有跑壘員，三出局，得五分。
	因為 b=6，代表要計算的是累積六個出局時的得分，因此在前 3 個出局數時得 0 分，第 4~6 個出局數得到 5 分，因此總得分是 0+5=5 分。

評分說明

輸入包含若干筆測試資料，每一筆測試資料的執行時間限制（time limit）均為 1
秒，依正確通過測資筆數給分。其中：

第 1 子題組 20 分，打擊表現只有 HR 和 SO 兩種。

第 2 子題組 20 分，安打表現只有 1B，而且 b 固定為 3。

第 3 子題組 20 分，b 固定為 3。

第 4 子題組 40 分，無特別限制。

4.2 解題重點分析

本題目因為測試資料要輸入的過程較繁雜，所以可以在記事本將要測試的資料加以暫存，
再以檔案的方式來讀取。題目提到每組測試資料固定有十行，第一到第九行，依照球員順
序，每一行代表一位球員的打擊資訊。前面九行中的每一行有一個正整數 a，代表球員總
共打了 a 次，接下來有 a 個字串（均為兩個字元），依序代表每次打擊的結果。資料之間
均以一個空白字元隔開。各球員的打擊結果可以使用 str[2] 的字元陣列來加以記錄，同
時我們也使用一個 strike[] 的整數陣列來記錄每一次的打擊資訊。如果打擊結果的字串
"FO","GO","SO" 三者之一，表示為出局則在該打次的 strike[] 陣列值記錄為 0，如果 1
壘安打則記錄為 1，如果 2 壘安打則記錄為 2，如果 3 壘安打則記錄為 3，如果都不是上述
情況，表示為 HR，即全壘打則記錄為 4。相關程式碼如下：

```c
for(int j=0;j<a;++j)
{
/*
    接下來有 a 個字串（均為兩個字元），
    依序代表每次打擊的結果。
    資料之間均以一個空白字元隔開。
*/
    char str[2];// 記錄每次打擊的結果
    fscanf(fp,"%s",str);
    if(strcmp("FO",str)==0 |strcmp("GO",str)==0|strcmp("SO",str)==0)
        // 如果打擊結果的字串 "FO","GO","SO" 三者之一 , 表示出局 , 則記錄為 0
        strike[j*9+i]=0;
    else if (strcmp("1B",str)==0) // 如果 1 壘安打 , 則記錄為 1
        strike[j*9+i]=1;
```

```
    else if (strcmp("2B",str)==0) // 如果 2 壘安打，則記錄為 2
        strike[j*9+i]=2;
    else if (strcmp("3B",str)==0) // 如果 3 壘安打，則記錄為 3
        strike[j*9+i]=3;
    else // 如果都不是上述情況，表示為 HR，即全壘打，則記錄為 4
        strike[j*9+i]=4;
}
```

有關本範例的相關變數的意義說明如下：

```
int strike[100]; // 記錄打擊結果
int base[3]={0};// 用來記錄各壘包是否有人的狀態
int i;
int a; // 代表球員總共打了幾次
```

4.3 參考解答程式碼：棒球遊戲 .c

```
01    #include <stdio.h>
02    #include <string.h>
03    #define testdata "data2.txt"
04    #define NUM   9
05
06    int main()
07    {
08        FILE *fp; // 宣告檔案指標
09        fp=fopen(testdata,"r"); // 開啟唯讀檔案
10        // 記錄打擊資訊
11        int strike[100]; // 記錄打擊結果
12        int base[3]={0};// 用來記錄各壘包是否有人的狀態
13        int i;
14        int a; // 代表球員總共打了幾次
15
16        for(i=0;i<NUM;++i) // 讀取所有球員的打擊資訊
17        {
18            fscanf(fp," %d",&a); // 每一行開始有一個正整數 a，代表球員總共打了 a 次
19            for(int j=0;j<a;++j)
20            {
21                /*
22                接下來有 a 個字串（均為兩個字元），
23                依序代表每次打擊的結果。
24                資料之間均以一個空白字元隔開。
25                */
26                char str[2];// 記錄每次打擊的結果
```

```
27              fscanf(fp,"%s",str);
28              if(strcmp("FO",str)==0 |strcmp("GO",str)==0|strcmp("SO",str)==0)
29                  // 如果打擊結果的字串 "FO","GO","SO" 三者之一，表示出局，則記錄為 0
30                      strike[j*9+i]=0;
31              else if (strcmp("1B",str)==0) // 如果 1 壘安打，則記錄為 1
32                      strike[j*9+i]=1;
33              else if (strcmp("2B",str)==0) // 如果 2 壘安打，則記錄為 2
34                      strike[j*9+i]=2;
35              else if (strcmp("3B",str)==0) // 如果 3 壘安打，則記錄為 3
36                      strike[j*9+i]=3;
37              else // 如果都不是上述情況，表示為 HR，即全壘打，則記錄為 4
38                      strike[j*9+i]=4;
39          }
40      }
41
42      int out=0; // 用來記錄目前此局的出局數
43      int points=0; // 目前得分
44      int index=0; // 讀取到第幾筆資料
45      int b=0; // 總出局數
46      int count=0; // 目前整場比賽已達多少個出局數
47
48      fscanf(fp,"%d",&b); // 從檔案讀取總出局數
49      while(count<b) // 當目前出局數小於整場比賽的總出局數時
50      {
51          switch(strike[index])
52          {
53              case 4: // 全壘打
54                  for(int k=0;k<3;++k)
55                  {
56                      // 如果壘上有人得分，並清空壘包
57                      if(base[k]==1)
58                      {
59                          points+=1;
60                          base[k]=0;
61                      }
62                  }
63                  points+=1;   // 打擊者加一分
64                  break;
65              case 1: // 如果是一壘打
66                  // 如果三壘有人加一分，各壘往前推進
67                  if(base[2]==1) points+=1;
68                  base[2]=base[1]; // 二壘推進到三壘
69                  base[1]=base[0]; // 一壘推進到二壘
70                  base[0]=1; // 打擊者上 1 壘
71                  break;
```

```
72          case 2: // 如果是二壘打
73              // 如果三壘及二壘有人，各加一分
74              if(base[2]==1) points+=1;
75              if(base[1]==1) points+=1;
76              base[2]=base[0]; // 一壘推進到三壘
77              base[0]=0; // 一壘清空
78              base[1]=1; // 打擊者上二壘
79              break;
80          case 3: // 如果是三壘打
81              // 如果壘上有人各加 1 分
82              if(base[2]==1) points+=1;
83              if(base[1]==1) points+=1;
84              if(base[0]==1) points+=1;
85              base[1]=0; // 二壘清空
86              base[0]=0; // 一壘清空
87              base[2]=1; // 打擊者上三壘
88              break;
89          default:   // 如果是出局
90              out+=1; // 將目前此局的出局數累加 1
91              if(out==3) // 如果三出局，清空壘包
92              {
93                  out=0; // 將目前此局的出局數歸零，換下一局的打擊
94                  base[0]=0; // 一壘清空
95                  base[1]=0; // 二壘清空
96                  base[2]=0; // 三壘清空
97              }
98              count+=1;   // 整場比賽的總出局數累加 1
99              break;
100         } //switch 指令結束
101         index+=1; // 讀取筆數累加 1，接下來準備讀取下一筆資料
102     }
103     printf("%d",points);
104     return 0;
105 }
```

▶ 範例一輸入

```
5 1B 1B FO GO 1B
5 1B 2B FO FO SO
4 SO HR SO 1B
4 FO FO FO HR
4 1B 1B 1B 1B
4 GO GO 3B GO
4 1B GO GO SO
4 SO GO 2B 2B
4 3B GO GO FO
3
```

▶ 範例一正確輸出

```
0
------------------------------
Process exited after 0.162 seconds with return value 0
請按任意鍵繼續 . . .
```

達到第三個出局數時，一、二、三壘均有跑壘員，但無法得分。因為 b = 3，代表三個出局就結束比賽，因此得到 0 分。

▶ 範例二輸入

```
5 1B 1B FO GO 1B
5 1B 2B FO FO SO
4 SO HR SO 1B
4 FO FO FO HR
4 1B 1B 1B 1B
4 GO GO 3B GO
4 1B GO GO SO
4 SO GO 2B 2B
4 3B GO GO FO
6
```

▶ 範例二正確輸出

```
5
------------------------------
Process exited after 0.1305 seconds with return value 0
請按任意鍵繼續 . . . ▪
```

接續範例一，達到第三個出局數時未得分，壘上清空。

1B：一壘有跑壘員。

SO：一壘有跑壘員，一出局。

3B：三壘有跑壘員，一出局，得一分。

1B：一壘有跑壘員，一出局，得兩分。

2B：二、三壘有跑壘員，一出局，得兩分。

HR：一出局，得五分。

FO：兩出局，得五分。

1B：一壘有跑壘員，兩出局，得五分。

GO：一壘有跑壘員，三出局，得五分。

因為 b = 6，代表要計算的是累積六個出局時的得分，因此在前 3 個出局數時得 0 分，第 4~6 個出局數得到 5 分，因此總得分是 0+5=5 分。

程式碼說明

- 第 8 列：宣告檔案指標。

- 第 9 列：開啟唯讀檔案。

- 第 11 列：宣告記錄打擊資訊的整數陣列，如果出局則記錄為 0，如果 1 壘安打則記錄為 1。如果 2 壘安打則記錄為 2。如果 3 壘安打則記錄為 3。如果全壘打則記錄為 4。

- 第 16~40 列：從檔案中讀取第一列到第九列，並根據所讀入的球員的打擊資訊所提供的字串進行判斷，再分別視球員的打擊情況轉換成記錄打擊資訊的 strike[] 所對應打序的陣列值。如果打擊結果的字串為 "FO","GO","SO" 三者之一，表示為出局，則在該打次的 strike[] 陣列值記錄為 0 ，如果 1 壘安打則記錄為 1，如果 2 壘安打則記錄為 2，如果 3 壘安打則記錄為 3，如果都不是上述情況，表示為 HR，即全壘打則記錄為 4。

- 第 42 列：用來記錄目前此局的出局數。

- 第 43 列：目前得分。

- 第 44 列：讀取到第幾筆資料。

- 第 46 列：目前整場比賽已達多少個出局數。

- 第 48 列：讀取檔案的最後一行，有一個正整數，表示我們想要計算當總出局數累計到達這個數字時，該球隊的得分。

- 第 49~102 列：為本程式的核心處理工作，程式會依序讀取各打擊順序的打擊資訊。之前我們已將檔案中各打擊資訊的字串轉換成 strike[] 陣列值。

- 第 103 列：計算在總計第 b 個出局數發生時的總得分，並將此得分輸出於一行。

MEMO

Chapter

6

106 年 3 月觀念題

觀念題 ❶

( ) 給定一個 1x8 的陣列 A，A={0, 2, 4, 6, 8, 10, 12, 14}。右側函式 Search (x) 真正目的是找到 A 之中大於 x 的最小值。然而，這個函式有誤。請問下列哪個函式呼叫可測出函式有誤？

(A) Search(-1)

(B) Search(0)

(C) Search(10)

(D) Search(16)

```c
int A[8]={0, 2, 4, 6, 8, 10, 12, 14};

int Search (int x) {
  int high = 7;
  int low = 0;
  while (high > low) {
    int mid = (high + low)/2;
    if (A[mid] <= x) {
      low = mid + 1;
    }
    else {
      high = mid;
    }
  }
  return A[high];
}
```

解題說明

答案 **(D) Search(16)**

這個函式 Search(x) 的主要功能是找到 A 之中大於 x 的最小值。從程式碼中可以看出此函式主要利用二分搜尋法來找尋答案，要能利用二分搜尋法來找尋資料，前提是所要搜尋的資料必須事先經過排序，程式碼中 A 陣列給定的值符合這個條件，且由小到大排序。各選項的結果值如下：

■ Search(-1) 結果值 0，因為 0>-1，所以答案正確

■ Search(0) 結果值 0，因為 2>0，所以答案正確

■ Search(10) 結果值 12，因為 12>10，所以答案正確

■ Search(16) 結果值 14，因為 14>16，所以答案錯誤，因為此值沒有大於 16

完整的參考程式碼如下：106 年 03 月觀念題 /ex01.c

```c
01   #include <stdio.h>
02
03   int A[8]={0, 2, 4, 6, 8, 10, 12, 14};
04
05   int Search (int x) {
06       int high = 7;
07       int low = 0;
08       while (high > low) {
09           int mid = (high + low)/2;
10           if (A[mid] <= x) {
11               low = mid + 1;
12           }
13           else {
14               high = mid;
15           }
16       }
17       return A[high];
18   }
19
20   int main(void)
21   {
22       printf("%d \n",Search(-1)); // 結果值 0, 答案正確
23       printf("%d \n",Search(0));  // 結果值 2, 答案正確
24       printf("%d \n",Search(10)); // 結果值 12, 答案正確
25       printf("%d \n",Search(16)); // 結果值 14, 答案錯誤, 因為此值沒有大於 16
26       return 0;
27   }
```

▶ 執行結果

```
0
2
12
14

---------------------------------
Process exited after 0.1347 seconds with return value 0
請按任意鍵繼續 . . . ■
```

觀念題 ❷

（　　）給定函式 A1()、A2() 與 F() 如下，以下敘述何者有誤？

```
void A1 (int n) {
    F(n/5);
    F(4*n/5);
}
```

```
void A2 (int n) {
    F(2*n/5);
    F(3*n/5);
}
```

```
void F (int x) {
    int i;
    for (i=0; i<x; i=i+1)
        printf("*");
    if (x>1) {
        F(x/2);
        F(x/2);
    }
}
```

(A) A1(5) 印的 '*' 個數比 A2(5) 多

(B) A1(13) 印的 '*' 個數比 A2(13) 多

(C) A2(14) 印的 '*' 個數比 A1(14) 多

(D) A2(15) 印的 '*' 個數比 A1(15) 多

解題說明

答案 **(D) A2(15) 印的 '*' 個數比 A1(15) 多**

先將各選項的 A1 及 A2 函數中的各參數直接代入，可以看出各選項是由哪些 F 函數所組成。各位可以事先將各種數字 x 代入 F 函數，並記錄不同參數所印出的星星數。如下所示：

F(1)=1

F(2)=2+2*F(1)=2+2*1=4

F(3)=3+2*F(1)=3+2*1=5

F(4)=4+2*F(2)=4+2*4=12

F(5)=5+2*F(2)=5+2*4=13

F(6)=6+2*F(3)=6+2*5=16

F(7)=7+2*F(3)=7+2*5=17

F(8)=8+2*F(4)=8+2*12=32

F(9)=9+2*F(4)=9+2*12=33

F(10)=10+2*F(5)=10+2*13=36

F(11)=11+2*F(5)=11+2*13=37

F(12)=12+2*F(6)=12+2*16=44

(A) A1(5)=F(1)+F(4)=13

A2(5)=F(2)+F(3)=9

所以選項 (A) A1(5) 印的 '*' 個數比 A2(5) 多，正確

(B) A1(13)=F(2)+F(10)=40

A2(13)=F(5)+F(7)=30

所以選項 (B) A1(13) 印的 '*' 個數比 A2(13) 多，正確

(C) A1(14)=F(2)+F(11)=41

A2(14)=F(5)+F(8)=45

所以選項 (C) A2(14) 印的 '*' 個數比 A1(14) 多，正確

(D) A1(15)=F(3)+F(12)=49

A2(15)=F(6)+F(9)=49

兩者相同，所以選項 (D) A2(15) 印的 '*' 個數比 A1(15) 多，不正確

完整的參考程式碼如下：106 年 03 月觀念題 /ex02.c

```
01    #include <stdio.h>
02
03    void F (int x) {
04        int i;
05        for (i=0; i<x; i=i+1)
06            printf("*");
07        if (x>1) {
08            F(x/2);
09            F(x/2);
10        }
11    }
```

```
12
13   void A1 (int n) {
14       F(n/5);
15       F(4*n/5);
16   }
17
18   void A2 (int n) {
19       F(2*n/5);
20       F(3*n/5);
21   }
22
23   int main(void)
24   {
25       printf(" 選項 A 的執行結果：  \n");
26       A1(5);
27       printf("\n");
28       A2(5);
29       printf("\n\n");
30
31       printf(" 選項 B 的執行結果：  \n");
32       A1(13);
33       printf("\n");
34       A2(13);
35       printf("\n\n");
36
37       printf(" 選項 C 的執行結果：  \n");
38       A2(14);
39       printf("\n");
40       A1(14);
41       printf("\n\n");
42
43       printf(" 選項 D 的執行結果：  \n");
44       A2(15);
45       printf("\n");
46       A1(15);
47       printf("\n\n");
48
49       return 0;
50   }
```

執行結果

```
選項A的執行結果:
**************
**********

選項B的執行結果:
**********************************
****************************

選項C的執行結果:
**********************************************
*****************************************

選項D的執行結果:
*******************************************
*****************************************

_____
Process exited after 0.2726 seconds with return value 0
請按任意鍵繼續 . . .
```

觀念題 ❸

( ) 右側 F() 函式回傳運算式該如何寫,才會使得 F(14) 的回傳值為 40 ?

(A) n*F(n-1)

(B) n+F(n-3)

(C) n-F(n-2)

(D) F(3n+1)

```
int F (int n) {
  if (n < 4)
    return n;
  else
    return _____?_____;
}
```

解題說明

答案 (B) n+F(n-3)

當 n<4 時,為 F() 函式的出口條件。

選項 (A):14*13*12*11*…*3 > 40

選項 (B):n+F(n-3)=14+F(11)=14+11+F(8)=14+11+8+F(5)=14+11+8+5+F(2)=40

選項 (C):n-F(n-2)=14-F(12)=14-12+F(10)=14-12+10-F(8)=14-12+10-8+F(6)=

14-12+10-8+6-F(4)=14-12+10-8+6-4+F(2)=14-12+10-8+6-4+2=8

選項 (D):數字會越來越大,無法符合遞迴函數的出口條件。

完整的參考程式碼如下：106 年 03 月觀念題 /ex03.c

```
01   #include <stdio.h>
02
03   int F (int n) {
04       if (n < 4)
05           return n;
06       else
07           return n + F(n-3);
08   }
09
10   int main(void)
11   {
12       printf("%d ",F(14));
13
14       return 0;
15   }
```

▶ 執行結果

```
40
-----------------------------------
Process exited after 0.2002 seconds with return value 0
請按任意鍵繼續 . . .
```

觀念題 ❹

（　）右側函式兩個回傳式分別該如何撰寫，才能正確計算並回傳兩參數 a, b 之最大公因數（Greatest Common Divisor）？

(A) a, GCD(b,r)

(B) b, GCD(b,r)

(C) a, GCD(a,r)

(D) b, GCD(a,r)

```
int GCD (int a, int b) {
    int r;

    r = a % b;
    if (r == 0)
        return _____;
    return _____;
}
```

解題說明

答案 **(B) b, GCD(b,r)**

輾轉相除法是求最大公約數的一種方法。它的做法是用較小數除較大數，再用出現的餘數（第一餘數）去除除數，再用出現的餘數（第二餘數）去除第一餘數，如此反覆，直到最後餘數是 0 為止。如果是求兩個數的最大公約數，那麼最後的除數就是這兩個數的最大公約數。從句意中得知，當餘數為 0 時則傳回最後的除數，以句意來說就是 b。如果餘數不為 0，則以 b 及出現的餘數繼續，即 GCD(b,r)，因此選項 (B) 才是正確的答案。

完整的參考程式碼如下：106 年 03 月觀念題 /ex04.c

```
01    #include <stdio.h>
02
03    int GCD (int a, int b) {
04        int r;
05        r = a % b;
06        if (r == 0)
07            return b;
08        return GCD(b,r);
09    }
10
11    int main(void)
12    {
13        printf("%d ",GCD(64,72));
14
15        return 0;
16    }
```

▶ **執行結果**

```
8
---------------------------------
Process exited after 0.1685 seconds with return value 0
請按任意鍵繼續 . . .
```

觀念題 ❺

（　　）若 A 是一個可儲存 n 筆整數的陣列，且資料儲存於 A[0]~A[n-1]。經過右側程式碼運算後，以下何者敘述不一定正確？

(A) p 是 A 陣列資料中的最大值

(B) q 是 A 陣列資料中的最小值

(C) q < p

(D) A[0] <=p

```
int A[n]={ … };
int p = q = A[0];
for (int i=1; i<n; i=i+1) {
  if (A[i] > p)
    p = A[i];
  if (A[i] < q)
    q = A[i];
}
```

解題說明

答案 **(C) q < p**

首先設定 p=q=A[0]，當發現陣列中的值大於 p，則將該值設定給變數 p，因此 P 會是陣列中所有元素的最大值，因此選項 (A) 及選項 (D) 正確。

同理，當發現陣列中的值小於 q，則將該值設定給變數 q，因此 q 會是陣列中所有元素的最小值，因此選項 (B) 正確。但是如果陣列中所有的元素都相同時，這種情況下 p=q，因此選項 (C) 必須修正為 q <= p。

完整的參考程式碼如下：106 年 03 月觀念題 /ex05.c

```
01    #include <stdio.h>
02
03    int main(void)
04    {
05        // int A[]={7,5,3,12,9,19,21,43 };
06        int A[]={5,5,5,5,5,5,5,5 };
07        int n=8;
08        int p,q;
09        p = q = A[0];
10        for (int i=1; i<n; i=i+1) {
11            if (A[i] > p)
12                p = A[i];
13            if (A[i] < q)
14                q = A[i];
15            }
```

```
16
17       printf("%d    %d",q,p);
18
19       return 0;
20   }
```

▶ 執行結果

```
5    5
---------------------------------
Process exited after 0.1704 seconds with return value 0
請按任意鍵繼續 . . .
```

觀念題 ❻

（　　）若 A[][] 是一個 MxN 的整數陣列，右
側程式片段用以計算 A 陣列每一列的總
和，以下敘述何者正確？

(A) 第一列總和是正確，但其他列總和
不一定正確

(B) 程式片段在執行時會產生錯誤
（run-time error）

(C) 程式片段中有語法上的錯誤

(D) 程式片段會完成執行並正確印出每
一列的總和

```
void main () {
  int rowsum = 0;
  for (int i=0; i<M; i=i+1) {
    for (int j=0; j<N; j=j+1) {
      rowsum = rowsum + A[i][j];
    }
    printf("The sum of row %d is %d.\
n", i, rowsum);
  }
}
```

解題說明

答案 (A) 第一列總和是正確，但其他列總和不一定正確

(A) 第一列總和是正確，但其他列總和不一定正確，主要原因是只有第一列在執行前
計算該列總和的變數 rowsum 有歸零，其他列在計算總和時沒有歸零，因此其他列
總和不一定正確。

(B) 此程式只是造成執行結果不符合預期，但不會在執行時會產生錯誤 (run-time error)。

(C) 本程式可以執行，因此沒有所謂的語法上的錯誤

(D) 原程式的執行結果如下：106 年 03 月觀念題 /ex06.c

```
01    #include <stdio.h>
02    #define M 3
03    #define N 2
04
05    int main(void)
06    {
07        int A[M][N]={1,2,
08                     3,4,
09                     5,6};
10        int rowsum = 0;
11        for (int i=0; i<M; i=i+1) {
12            for (int j=0; j<N; j=j+1) {
13                rowsum = rowsum + A[i][j];
14            }
15            printf("The sum of row %d is %d.\n", i, rowsum);
16        }
17
18        return 0;
19    }
```

▶ 執行結果

```
The sum of row 0 is 3.
The sum of row 1 is 10.
The sum of row 2 is 21.

-----------------------------------
Process exited after 0.1589 seconds with return value 0
請按任意鍵繼續 . . .
```

必須將程式修改如下，才會正確輸出每一列總和：106 年 3 月觀念題 /ex06ok.c

```
01    #include <stdio.h>
02    #define M 3
03    #define N 2
04
```

```
05   int main(void)
06   {
07     int A[M][N]={1,2,
08                 3,4,
09                 5,6};
10
11     for (int i=0; i<M; i=i+1) {
12       int rowsum = 0;
13       for (int j=0; j<N; j=j+1) {
14           rowsum = rowsum + A[i][j];
15       }
16       printf("The sum of row %d is %d.\n", i, rowsum);
17     }
18
19     return 0;
20   }
```

● 執行結果

```
The sum of row 0 is 3.
The sum of row 1 is 7.
The sum of row 2 is 11.

----------------------------------
Process exited after 0.1704 seconds with return value 0
請按任意鍵繼續 . . .
```

觀念題 ❼

( ) 若以 B(5,2) 呼叫右側 B() 函式，總共
會印出幾次 "base case"？

(A) 1

(B) 5

(C) 10

(D) 19

```
int B (int n, int k) {
    if (k == 0 || k == n){
        printf ("base case\n");
        return 1;
    }
    return B(n-1,k-1) + B(n-1,k);
}
```

解題說明

答案 (C) 10

當第二個參數 k 為 0 時或兩個參數 n 及 k 相同時，則會印出一次 "base case"。請各位直接用 B(5,2) 呼叫右側 B() 函式，過程變化如下：

B(5,2)=B(4,1)+B(4,2)=B(3,0)+B(3,1)+B(3,1)+B(3,2)=1+2*B(3,1)+B(3,2)（次）

B(3,1)=B(2,0)+(2,1)=1+B(1,0)+B(1,1)=1+1+1=3 （次）

B(3,2)=B(2,1)+(2,2)=B(1,0)+B(1,1)+1=1+1+1=3 （次）

因此 B(5,2)=1+2*B(3,1)+B(3,2)（次）

               =1+2*3+3(次)=10(次)

完整的參考程式碼如下：106 年 03 月觀念題 /ex07.c

```
01   #include <stdio.h>
02
03   int B (int n, int k) {
04       if (k == 0 || k == n){
05           printf ("base case\n");
06           return 1;
07       }
08       return B(n-1,k-1) + B(n-1,k);
09   }
10
11   int main(void)
12   {
13       B(5,2);
14
15       return 0;
16   }
```

▶ 執行結果

```
base case
base case
base case
base case
base case
base case
base case
base case
base case
base case

--------------------------------
Process exited after 0.08532 seconds with return value 0
請按任意鍵繼續 . . .
```

觀念題 ❽

(　) 給定右側程式，其中 s 有被宣告為全域
變數，請問程式執行後輸出為何？

(A) 1,6,7,7,8,8,9

(B) 1,6,7,7,8,1,9

(C) 1,6,7,8,9,9,9

(D) 1,6,7,7,8,9,9

```
int s = 1; // 全域變數
void add (int a) {
    int s = 6;
    for( ; a>=0; a=a-1) {
        printf("%d,", s);
        s++;
        printf("%d,", s);
    }
}
int main () {
    printf("%d,", s);
    add(s);
    printf("%d,", s);
    s = 9;
    printf("%d", s);
    return 0;
}
```

解題說明

答案 (B) 1,6,7,7,8,1,9

此題主要測驗全域變數與區域變數的觀念，請各位直接觀察主程式各行印出 s 值的變化：

第 1 行：印出 s 值為全域變數的預設值「1,」。

第 2 行：呼叫 add(1)，在此函數內會以區域變數的變化去執行列印的成果，會依序印
出「6,7,7,8,」。

第 3 行：回到主程式，會印出全域變數的 s 值，會印出「1,」。

第 4 行：全域變數 s 值改為 9。

第 5 行：回到主程式，會印出全域變數的 s 值，會印出「9」。

完整的參考程式碼如下：106 年 03 月觀念題 /ex08.c

```
01   #include <stdio.h>
02
03   int s = 1; // 全域變數
04   void add (int a) {
05       int s = 6;  // 區域變數，有效範圍只在函數內
06       for( ; a>=0; a=a-1) {
```

```
07          printf("%d,", s);
08          s++;
09          printf("%d,", s);
10      }
11  }
12
13  int main(void)
14  {
15      printf("%d,", s);
16      add(s);
17      printf("%d,", s);
18      s = 9;
19      printf("%d", s);
20      return 0;
21  }
```

▶ 執行結果

```
1,6,7,7,8,1,9
----------------------------------
Process exited after 0.1801 seconds with return value 0
請按任意鍵繼續 . . . ■
```

觀念題 ⑨

( ) 右側 F() 函式執行時，若輸入依序為整
數 0, 1, 2, 3, 4, 5, 6, 7, 8, 9，
請問 X[] 陣列的元素值依順序為何？

(A) 0, 1, 2, 3, 4, 5, 6, 7, 8, 9

(B) 2, 0, 2, 0, 2, 0, 2, 0, 2, 0

(C) 9, 0, 1, 2, 3, 4, 5, 6, 7, 8

(D) 8, 9, 0, 1, 2, 3, 4, 5, 6, 7

```
void F () {
  int X[10] = {0};
  for(int i=0; i<10; i=i+1) {
    scanf("%d", &X[(i+2)%10]);
  }
}
```

解題說明

答案 (D) 8, 9, 0, 1, 2, 3, 4, 5, 6, 7

i=0 時對應第一個輸入的整數 0：X[(i+2)%10]=X[2]=0，其實從這個地方就可以判斷
出選項 (D) 就是正確的答案，因為所有選項只有這個選項的 X[2]=0。

至於完整的陣列內容計算過程如下：

i=1 時對應第一個輸入的整數 1：X[(i+2)%10]=X[3]=1。

i=2 時對應第一個輸入的整數 2：X[(i+2)%10]=X[4]=2。

i=3 時對應第一個輸入的整數 3：X[(i+2)%10]=X[5]=3。

i=4 時對應第一個輸入的整數 4：X[(i+2)%10]=X[6]=4。

i=5 時對應第一個輸入的整數 5：X[(i+2)%10]=X[7]=5。

i=6 時對應第一個輸入的整數 6：X[(i+2)%10]=X[8]=6。

i=7 時對應第一個輸入的整數 7：X[(i+2)%10]=X[9]=7。

i=8 時對應第一個輸入的整數 8：X[(i+2)%10]=X[0]=8。

i=9 時對應第一個輸入的整數 9：X[(i+2)%10]=X[1]=9。

因此 X[] 陣列的元素值依順序為 8, 9, 0, 1, 2, 3, 4, 5, 6, 7

完整的參考程式碼如下：106 年 03 月觀念題 /ex09.c

```
01   #include <stdio.h>
02
03   void F () {
04       int X[10] = {0};
05       for (int i=0; i<10; i=i+1) {
06           scanf("%d", &X[(i+2)%10]);
07       }
08
09       for (int i=0; i<10; i=i+1) {
10           printf("%d", X[i]);
11       }
12   }
13
14   int main(void)
15   {
16       F();
17       return 0;
18   }
```

▶ 執行結果

```
0 1 2 3 4 5 6 7 8 9
8901234567
--------------------------------
Process exited after 28.95 seconds with return value 0
請按任意鍵繼續 . . .
```

觀念題 ⑩

(　　) 若以 G(100) 呼叫右側函式後，n 的值
為何？

(A) 25

(B) 75

(C) 150

(D) 250

```
int n = 0;

void K (int b) {
  n = n + 1;
  if (b % 4)
    K(b+1);
}
void G (int m) {
  for (int i=0; i<m; i=i+1) {
    K(i);
  }
}
```

解題說明

答案 (D) 250

K 函式為一種遞迴函式，其遞迴出口條件為參數 b 為 4 的倍數。另外題目要問的 n 值
是用來累計函數的執行次數，我們可以從前面的 4 個數字的執行過程就可以推論出當
G(100) 的累計遞迴函式 n 執行次數。

■ 當 b=0 時，為 4 的倍數，執行一次就會跳離遞迴函式，因此變數 n 要累加 1。

■ 當 b=1 時，為 4 的倍數 +1 的型式，執行 4 次就會跳離遞迴函式，因此變數 n 要累
加 4。

■ 當 b=2 時，為 4 的倍數 +2 的型式，執行 3 次就會跳離遞迴函式，因此變數 n 要累
加 3。

■ 當 b=3 時，為 4 的倍數 +3 的型式，執行 2 次就會跳離遞迴函式，因此變數 n 要累
加 2。

■ 同理當 b=4 時，其變數 n 的累加情況和 b=0 相同；同理當 b=5 時，其變數 n 的累
加情況和 b=1 相同；同理當 b=6 時，其變數 n 的累加情況和 b=2 相同；同理當 b=7
時，其變數 n 的累加情況和 b=3 相同。

每一次循環變數 n 就會累加 10，當 m=100 時，會依序呼叫 K(0)~k(99)，總共會經過
25 次的循環，即 n 值最後的值為 10*25=250。

完整的參考程式碼如下：106 年 03 月觀念題 /ex10.c

```c
01   #include <stdio.h>
02
03   int n = 0;
04   void K (int b) {
05       n = n + 1;
06       if (b % 4) // 只有整除時才會得到 0 (false)
07           K(b+1);
08   }
09
10   void G (int m) {
11       for (int i=0; i<m; i=i+1) {
12           K(i);
13       }
14   }
15
16   int main(void)
17   {
18       //G(1);
19       //printf("%d ",n);   // 輸出 1
20       //G(2);
21       //printf("%d ",n);      // 輸出 5, 增加 4
22       //G(3);
23       //printf("%d ",n);      // 輸出 8, 增加 3
24       //G(4);
25       //printf("%d ",n);      // 輸出 10, 增加 2
26       //G(5);
27       //printf("%d ",n);      // 輸出 11, 增加 1
28       //G(6);
29       //printf("%d ",n);      // 輸出 15, 增加 4
30       G(100);
31       printf("%d ",n);
32       return 0;
33   }
```

▶ 執行結果

```
250
-----------------------------------
Process exited after 0.1731 seconds with return value 0
請按任意鍵繼續 . . . ■
```

觀念題 ⑪

(　　) 若 A[1]、A[2]，和 A[3] 分別為陣列 A[] 的三個元素（element），下列哪個程式片段可以將 A[1] 和 A[2] 的內容交換？

(A) A[1]=A[2]; A[2]=A[1];

(B) A[3]=A[1]; A[1]=A[2]; A[2]=A[3];

(C) A[2]=A[1]; A[3]=A[2]; A[1]=A[3];

(D) 以上皆可

解題說明

答案 (B) A[3] = A[1]; A[1] = A[2]; A[2] = A[3];

必須以另一個變數 A[3] 去暫存 A[1] 內容值，再將 A[2] 內容值設定給 A[1]，最後再將剛才暫存的 A[3] 內容值設定給 A[2]，如此一來就可以將 A[1] 和 A[2] 的內容交換。所以答案為選項 (B)。

觀念題 ⑫

(　　) 若函式 rand() 的回傳值為一介於 0 和 10000 之間的亂數，下列哪個運算式可產生介於 100 和 1000 之間的任意數（包含 100 和 1000）？

(A) rand() % 900+100

(B) rand() % 1000+1

(C) rand() % 899+101

(D) rand() % 901+100

解題說明

答案 (D) rand() % 901 + 100

(D) 0<=rand()<=10000 將 rand() 除以 901 取餘數，可以得到以下的式子：

0<=rand()%901<=900，接著同步加上 100，可以得到以下的式子：

100<= rand()%901+100<=1000

觀念題 ⑬

（　　）右側程式片段無法正確列印 20 次的
　　　　"Hi!"，請問下列哪一個修正方式仍無
　　　　法正確列印 20 次的 "Hi!" ？

　　　　(A) 需要將 i<=100 和 i=i+5 分別修正
　　　　　　為 i<20 和 i=i+1

　　　　(B) 需要將 i=0 修正為 i=5

　　　　(C) 需要將 i<=100 修正為 i<100;

　　　　(D) 需要將 i=0 和 i<=100 分別修正為
　　　　　　i=5 和 i<100

```
for (int i=0; i<=100; i=i+5) {
  printf ("%s\n", "Hi!");
}
```

解題說明

答案 **(D) 需要將 i=0 和 i<=100 分別修正為 i=5 和 i<100**

原題目提供的程式中 i 值的變化為 0、5、10....100 共執行 21 次。

選項 (A) 所修正的程式中 i 值的變化為 0、1、2....19 共執行 20 次。

選項 (B) 所修正的程式中 i 值的變化為 5、10....100 共執行 20 次。

選項 (C) 所修正的程式中 i 值的變化為 0、5、10....95 共執行 20 次。

選項 (D) 所修正的程式中 i 值的變化為 5、10....95 共執行 19 次。

觀念題 ⑭

（　　）若以 F(15) 呼叫右側 F() 函式，總共會
　　　　印出幾行數字？

　　　　(A) 16 行

　　　　(B) 22 行

　　　　(C) 11 行

　　　　(D) 15 行

```
void F (int n) {
  printf ("%d\n" , n);
  if ((n%2 == 1) && (n > 1)){
    return F(5*n+1);
  }
  else {
    if (n%2 == 0)
      return F(n/2);
  }
}
```

解題說明

答案 (D) 15 行

從題意所提供的程式中必須先行判斷遞迴函式的出口條件，也就是 (n%2 == 1) && (n > 1) 這個條件不能成立，而且 n%2 == 0 這個條件也不能成立，從這兩個判斷式可以得到的結論是此遞迴函式的出口條件為：n 小於或等於 1，而且 n 必須為奇數。接著就來看 F(15) 的呼叫過程：

- F(15) 時會印出 15，接著傳回 F(5*n+1)，即傳回 F(76)
- F(76) 時會印出 76，接著傳回 F(n/2)，即傳回 F(38)
- F(38) 時會印出 38，接著傳回 F(n/2)，即傳回 F(19)
- F(19) 時會印出 19，接著傳回 F(5*n+1)，即傳回 F(96)

依此類推會依序印出的數字為 96 48 24 12 6 3 16 8 4 2 1。其中 F(1) 會印出 1，因為它是小於或等於 1，而且為奇數，符合遞迴函式的出口條件。因此本例印出的共有 15 行數字，分別為：

15 76 38 19 96 48 24 12 6 3 16 8 4 2 1

完整的參考程式碼如下：106 年 03 月觀念題 /ex14.c

```
01    #include <stdio.h>
02
03    void F (int n) {
04        printf ("%d\n" , n);
05        if ((n%2 == 1) && (n > 1)){
06            return F(5*n+1);
07        }
08        else {
09            if (n%2 == 0)
10                return F(n/2);
11        }
12    }
13
14    int main(void)
15    {
16        F(15);
17
18        return 0;
19    }
```

▶ 執行結果

```
15
76
38
19
96
48
24
12
6
3
16
8
4
2
1

_____
Process exited after 0.1509 seconds with return value 0
請按任意鍵繼續 . . .
```

觀念題 ⑮

(　) 給定右側函式 F()，執行 F() 時哪一行
程式碼可能永遠不會被執行到？

(A) a = a + 5;

(B) a = a + 2;

(C) a = 5;

(D) 每一行都執行得到

```
void F (int a) {
    while (a < 10)
        a = a + 5;
    if (a < 12)
        a = a + 2;
    if (a <= 11)
        a = 5;
}
```

解題說明

答案 (C) a = 5;

選項 (C)a=5; 這一行程式碼永遠不會執行到，這是因為要跳離 while 迴圈的條件是
a<10，因此當離開此 while 迴圈時，a 值必定大於 10。接著判斷 if (a < 12) 此條
件式，符合這個判斷式只有兩種可能性，即 a=10 或 a=11，進入 if 條件式後要執行
a=a+2 的敘述，因此 a 的值可能變成 a=12 或 a=13。接著判斷 if (a <= 11) 此條件
式，以目前的情況不可能成立，因此 a = 5; 這行程式碼永遠不會被執行到。

觀念題 ⑯

（　）給定右側函式 F()，已知 F(7) 回傳值
為 17，且 F(8) 回傳值為 25，請問 if
的條件判斷式應為何？

(A) a % 2 != 1

(B) a * 2 > 16

(C) a + 3 < 12

(D) a * a < 50

```
int F (int a) {
    if ( _____?_____ )
        return a * 2 + 3;
    else
        return a * 3 + 1;
}
```

解題說明

答案 **(D) a * a < 50**

因為 F(7) 回傳值為 17，表示符合 if 判斷式，所以回傳值為 a * 2 + 3，即 7*2+3=17。

且 F(8) 回傳值為 25，表示不符合 if 判斷式，所以回傳值為 a * 3 + 1，即 8*3+1=25。

綜合觀察所有選項只有 (D) a * a < 50 符合當 a=7 時，7*7<50 故回傳 7*2+3=17。當
a=8 時，8*8=64(>50) 故回傳 8*3+1=25。

觀念題 ⑰

（　）給定右側函式 F()，F() 執行完所回傳
的 x 值為何？

(A) $n(n+1)\sqrt{\lfloor \log 2\ n \rfloor}$

(B) $n^2(n+1)/2$

(C) $n(n+1)\lfloor \log_2 n + 1 \rfloor /2$

(D) $n(n+1)/2$

```
int F (int n) {
    int x = 0;
    for (int i=1; i<=n; i=i+1)
        for (int j=i; j<=n; j=j+1)
            for (int k=1; k<=n; k=k*2)
                x = x + 1;
    return x;
}
```

解題說明

答案 **(C) n(n+1)⌊$\log_2 n$+1⌋/2**

此處 x 值為迴圈的執行次數，計算如下：

前兩個迴圈的執行次數如下：

i=1 時，j=1,2,3,4…n，總計執行次數為 n 次。

i=2 時，j=2,3,4…n，總計執行次數為 n-1 次。

i=3 時，j=3,4…n，總計執行次數為 n-2 次。

…

i=n 時，j=n，總計執行次數為 1 次。

總計前兩個迴圈的執行次數為 n+(n-1)+(n-2)…+1=n(n+1)/2。

第三個迴圈的執行次數為 ⌊$\log_2 n$+1⌋。

完整的參考程式碼如下：106 年 03 月觀念題 /ex17.c

```
01    #include <stdio.h>
02    #include <math.h>
03
04    int F (int n) {
05        int x = 0;
06        for (int i=1; i<=n; i=i+1)
07            for (int j=i; j<=n; j=j+1)
08                for (int k=1; k<=n; k=k*2)
09                    //printf("%d \n",k);
10                    x = x + 1;
11                return x;
12    }
13
14    int main(void)
15    {
16      int n,a;
17        n=2;
18        printf("%d \n",F(n));
19        a=(log(n)/log(2)+1)/1;
20        printf("%d \n",a);
21
22        n=4;
23        printf("%d \n",F(n));
```

```
24        a=(log(n)/log(2)+1)/1;
25        printf("%d \n",a);
26
27        n=8;
28        printf("%d \n",F(n));
29        a=(log(n)/log(2)+1)/1;
30        printf("%d \n",a);
31
32        n=10;
33        printf("%d \n",F(n));
34        a=(log(n)/log(2)+1)/1;
35        printf("%d \n",a);
36
37        n=16;
38        printf("%d \n",F(n));
39        a=(log(n)/log(2)+1)/1;
40        printf("%d \n",a);
41
42        n=100;
43        printf("%d \n",F(n));
44        a=(log(n)/log(2)+1)/1;
45        printf("%d \n",a);
46
47        return 0;
48    }
```

▶ 執行結果

```
6
2
30
3
144
4
220
4
680
5
35350
7

------------------------------------
Process exited after 0.1552 seconds with return value 0
請按任意鍵繼續 . . .
```

觀念題 ⓲

（　）右側程式執行完畢後所輸出值為何？

(A) 12

(B) 24

(C) 16

(D) 20

```c
int main() {
    int x = 0, n = 5;
    for (int i=1; i<=n; i=i+1)
    for (int j=1; j<=n; j=j+1) {
        if ((i+j)==2)
            x = x + 2;
        if ((i+j)==3)
            x = x + 3;
        if ((i+j)==4)
            x = x + 4;
    }
    printf ("%d\n", x);
    return 0;
}
```

解題說明

答案 (D) 20

當 i=1 時：進入 for (int j=1; j<=n; j=j+1) 迴圈後，

當 j=1 時符合 if ((i+j)==2) 判斷式，因此 x = x + 2=0+2=2

當 j=2 時符合 if ((i+j)==3) 判斷式，因此 x = x + 3=2+3=5

當 j=3 時符合 if ((i+j)==4) 判斷式，因此 x = x + 4=5+4=9

當 i=2 時：進入 for (int j=1; j<=n; j=j+1) 迴圈後，

當 j=1 時符合 if ((i+j)==3) 判斷式，因此 x = 9 + 3=9+3=12

當 j=2 時符合 if ((i+j)==4) 判斷式，因此 x = x + 4=12+4=16

當 i=3 時：進入 for (int j=1; j<=n; j=j+1) 迴圈後，

當 j=1 時符合 if ((i+j)==4) 判斷式，因此 x = x + 4=16+4=20

當 i=4 時：進入 for (int j=1; j<=n; j=j+1) 迴圈後，沒有一個條件時符合。

當 i=5 時：進入 for (int j=1; j<=n; j=j+1) 迴圈後，沒有一個條件時符合。

因此本程式最後輸出值為 20。

完整的參考程式碼如下：106 年 03 月觀念題 /ex18.c

```
01   #include <stdio.h>
02
03   int main() {
04       int x = 0, n = 5;
05       for (int i=1; i<=n; i=i+1)
06           for (int j=1; j<=n; j=j+1) {
07               if ((i+j)==2)
08                   x = x + 2;
09               if ((i+j)==3)
10                   x = x + 3;
11               if ((i+j)==4)
12                   x = x + 4;
13               }
14       printf ("%d\n", x);
15       return 0;
16   }
```

● 執行結果

```
20
_____
Process exited after 0.1723 seconds with return value 0
請按任意鍵繼續 . . . ■
```

觀念題 ⑲

( ) 右側程式擬找出陣列 A[] 中的最大值和
最小值。不過，這段程式碼有誤，請問
A[] 初始值如何設定就可以測出程式有
誤？

(A) {90, 80, 100}

(B) {80, 90, 100}

(C) {100, 90, 80}

(D) {90, 100, 80}

```
int main () {
    int M = -1, N = 101, s = 3;
    int A[] = _____?_____;
    for (int i=0; i<s; i=i+1) {
        if (A[i]>M) {
            M = A[i];
        }
        else if (A[i]<N) {
            N = A[i];
        }
    }
    printf("M = %d, N = %d\n", M, N);
    return 0;
}
```

解題說明

答案 (B) {80, 90, 100}

根據程式的邏輯可以推論 M 為陣列的最大值，N 為陣列的最小值。就以選項 (A) 為例，其迴圈執行過程如下：

- 當 i=0，A[0]=90>-1，故執行 M = A[i]，此時 M=90。
- 當 i=1，A[1]=80<90 且 90<101，故執行 N = A[i]，此時 N=80。
- 當 i=2，A[2]=100>90，故執行 M = A[i]，此時 M=100。

此選項得到的結論是最大值 M=100 且最小值 N=80，符合陣列的給定值，因此選項 (A) 無法測試出程式有錯誤。同理，各位可以試著去試看看其它選項，會發覺選項 (C) 及選項 (D) 也無法測試出程式有錯誤。

至於選項 (B) 的迴圈執行過程如下：

- 當 i=0，A[0]=80>-1，故執行 M = A[i]，此時 M=80。
- 當 i=1，A[1]=90>80，故執行 M = A[i]，此時 M=90。
- 當 i=2，A[2]=100>90，故執行 M = A[i]，此時 M=100。再加上 N 的初值設定為 101，此選項得到的結論是最大值 M=100 且最小值 N=101，不符合陣列的給定值。陣列的給定值中，M=100，但最小值 N=80，因此選項 (B) 可以測試出程式有錯誤。

完整的參考程式碼如下：106 年 03 月觀念題 /ex19.c

```
01   #include <stdio.h>
02
03   int main () {
04       int M = -1, N = 101, s = 3;
05       int A[] = {80,90,100};
06       for (int i=0; i<s; i=i+1) {
07           if (A[i]>M) {
08               M = A[i];
09           }
10           else if (A[i]<N) {
11               N = A[i];
12           }
13       }
14       printf("M = %d, N = %d\n", M, N);
15       return 0;
16   }
```

▶ 執行結果

```
M = 100, N = 101

-----------------------------------
Process exited after 0.1564 seconds with return value 0
請按任意鍵繼續 . . .
```

從這個執行結果可以看出選項 (B) 可以測出程式有誤。如果要修改程式為正確的執行

結果，則必須將第 10 行的 else if 中的 else 移除，正確及完整的參考程式碼如下：

106 年 3 月觀念題 /ex19ok.c

```
01   #include <stdio.h>
02
03   int main () {
04       int M = -1, N = 101, s = 3;
05       int A[] = {80,90,100};
06       for (int i=0; i<s; i=i+1) {
07           if (A[i]>M) {
08               M = A[i];
09           }
10           if (A[i]<N) {
11               N = A[i];
12           }
13       }
14       printf("M = %d, N = %d\n", M, N);
15       return 0;
16   }
```

▶ 執行結果

```
M = 100, N = 80

-----------------------------------
Process exited after 0.09117 seconds with return value 0
請按任意鍵繼續 . . .
```

觀念題 ⑳

（　）小藍寫了一段複雜的程式碼想考考你是否了解函式的執行流程。請回答程式最後輸出的數值為何？

(A) 70

(B) 80

(C) 100

(D) 190

```c
int g1 = 30, g2 = 20;

int f1(int v) {
    int g1 = 10;
    return g1+v;
}

int f2(int v) {
    int c = g2;
    v = v+c+g1;
    g1 = 10;
    c = 40;
    return v;
}

int main() {
    g2 = 0;
    g2 = f1(g2);
    printf("%d", f2(f2(g2)));
    return 0;
}
```

解題說明

答案 (A) 70

本題在測驗全域變數及區域變數的理解程度。在主程式 main() 中，g2 為全域變數，在 f1() 函式中 g1 為區域變數，在 f2() 函式中 g1 為全域變數，但是 g2 為區域變數。請直接將數值帶入主程式：

■ 第 2 行呼叫 f1(g2)=f1(0)，回傳 g1+v=10+0=10（此處的 g1 為區域變數），接著再將這個回傳值設定給 g2 的全域變數，此時 g2=10。

■ 第 3 行呼叫 f2(f2(10))=f2(v+c+g1)=f2(10+10+30)（此處的 g1 為全域變數值為 30，並將 v+c+g1 三數的加總設定給 v，即 v=50)，接著設定全域變數 g1=10，區域變數 c=40，再回傳 v（此處回傳 50）。即第 3 列的 f2(f2(g2))=f2(50)=f2(v+c+g1)=f2(50+10+10)=70。

完整的參考程式碼如下：106 年 03 月觀念題 /ex20.c

```
01    #include <stdio.h>
02
03    int g1 = 30, g2 = 20;
04    int f1(int v) {
05        int g1 = 10;
06        return g1+v;
07    }
08    int f2(int v) {
09        int c = g2;
10        v = v+c+g1;
11        g1 = 10;
12        c = 40;
13        return v;
14    }
15
16    int main () {
17        g2 = 0;
18        g2 = f1(g2);
19        printf("%d", f2(f2(g2)));
20        return 0;
21    }
```

▶ 執行結果

```
70
-----------------------------------
Process exited after 0.1703 seconds with return value 0
請按任意鍵繼續 . . .
```

觀念題 21

( ) 若以 F(5,2) 呼叫右側 F() 函式，執行
完畢後回傳值為何？

(A) 1

(B) 3

(C) 5

(D) 8

```
int F (int x,int y) {
    if (x<1)
        return 1;
    else
        return F(x-y,y)+F(x-2*y,y);
}
```

解題說明

答案 (C) 5

本遞迴函式的出口條件為 x<1，當 x 值小於 1 時就回傳 1。呼叫過程如下：

F(5,2)=F(3,2)+F(1,2)=F(1,2)+F(-1,2)+F(1,2)=F(-1,2)+F(-3,2)+F(-1,2)+

F(-1,2)+F(-3,2)=1+1+1+1+1=5

完整的參考程式碼如下：106 年 03 月觀念題 /ex21.c

```c
01   #include <stdio.h>
02
03   int F (int x,int y) {
04       if (x<1)
05           return 1;
06       else
07           return F(x-y,y)+F(x-2*y,y);
08   }
09
10   int main () {
11       printf("%d",F(5,2));
12       return 0;
13   }
```

▶ 執行結果

```
5
------------------------------------
Process exited after 0.1528 seconds with return value 0
請按任意鍵繼續 . . .
```

觀念題 22

(　　) 若要邏輯判斷式 !(X₁||X₂) 計算結果為真（True），則 X₁ 與 X₂ 的值分別應為何？

$$!(X_1 || X_2)$$

(A) X_1 為 False，X_2 為 False

(B) X_1 為 True，X_2 為 True

(C) X_1 為 True，X_2 為 False

(D) X_1 為 False，X_2 為 True

> **解題說明**
>
> 答案 **(A) X₁ 為 False，X₂ 為 False**
>
> $!(X_1||X_2)$ 計算結果為真（True）表示 $(X_1||X_2)$ 計算結果為偽（False），所以 X_1 與 X_2 的值分別應為 False。

觀念題 ㉓

（　）程式執行時，程式中的變數值是存放在

    (A) 記憶體

    (B) 硬碟

    (C) 輸出入裝置

    (D) 匯流排

> **解題說明**
>
> 答案 **(A) 記憶體**
>
> (A) 記憶體：當程式執行時，外界的資料進入電腦後，當然要有個棲身之處，這時系統就會撥一個記憶空間給這份資料，而在程式碼中，我們所定義的變數 (variable) 與常數 (constant) 就是扮演這樣的一個角色。變數與常數主要是用來儲存程式中的資料，以提供程式進行各種運算之用。兩者之間最大的差別在於變數的值是可以改變，而常數的值則固定不變。

觀念題 ㉔

（　）程式執行過程中，若變數發生溢位情形，其主要原因為何？

    (A) 以有限數目的位元儲存變數值

    (B) 電壓不穩定

    (C) 作業系統與程式不甚相容

    (D) 變數過多導致編譯器無法完全處理

> **解題說明**

答案 (A) 以有限數目的位元儲存變數值

以整數資料型態為例，設定變數的數值時，如果不小心超過整數資料限定的範圍，就稱為溢位。

觀念題 ㉕

（　　）若 a，b，c，d，e 均為整數變數，下列哪個算式計算結果與 a+b*c-e 計算結果相同？

(A)　(((a+b)*c)-e)

(B)　((a+b)*(c-e))

(C)　((a+(b*c))-e)

(D)　(a+((b*c)-e))

> **解題說明**

答案 (C) ((a+(b*c))-e)

當我們遇到有一個以上運算子的運算式時，首先區分出運算子與運算元。接下來就依照運算子的優先順序作整理動作，當然也可利用「()」括號來改變優先順序。最後由左至右考慮到運算子的結合性 (associativity)，也就是遇到相同優先等級的運算子會由最左邊的運算元開始處理。

四則運算 +、-、*、/ 的運算子優先順序為先乘除後加減，而且算式的計算過程是由左到右，所以第一順位為 b*c，將其以括號括住 (b*c)，接著第二順位再與左側的 a 進行加法運算，即 (a+(b*c))，最後順位才與右邊的 e 做運算，將其以括號括住，即選項 (C) ((a+(b*c))-e)。

MEMO

7
Chapter

106 年 03 月實作題

第 ❶ 題：秘密差

1.1 測驗試題

問題描述

將一個十進位正整數的奇數位數的和稱為 A，偶數位數的和稱為 B，則 A 與 B 的絕對差值 |A － B| 稱為這個正整數的秘密差。

例如：263541 的奇數位數的和 A=6+5+1=12，偶數位數的和 B=2+3+4=9，所以 263541 的秘密差是 |12 － 9|=3。

給定一個十進位正整數 X，請找出 X 的秘密差。

輸入格式

輸入為一行含有一個十進位表示法的正整數 X，之後是一個換行字元。

輸出格式

請輸出 X 的秘密差 Y（以十進位表示法輸出），以換行字元結尾。

範例一：輸入	範例二：輸入
263541	131
範例一：正確輸出	範例二：正確輸出
3	1
【說明】	【說明】
263541 的 A=6+5+1=12，B=2+3+4=9，	131 的 A=1+1=2，B=3，
|A － B|=|12 － 9|=3。	|A － B|=|2 － 3|=1。

評分說明

輸入包含若干筆測試資料，每一筆測試資料的執行時間限制（time limit）均為 1 秒，依正確通過測資筆數給分。其中：

第 1 子題組 20 分：X 一定恰好四位數。

第 2 子題組 30 分：X 的位數不超過 9。

第 3 子題組 50 分：X 的位數不超過 1000。

1.2 解題重點分析

為了避免溢位問題，解題重點在於利用字元陣列來儲存所輸入的 1000 位以內的整數，因要開始判斷奇數位及偶數位總和前，必須先判斷字串的長度，由字串長度是奇數或偶數，就可以推論出字串的第一個字元為奇數位或偶數位，如果數字總長度不能被 2 整除，表示第一個字元是奇位數，如果要將這些奇數位字元的數字和累計，在累計前必須先將該字元轉成以 ASCII 值表示的整數，例如如果字元 2 轉成 ASCII 值，會得到 50，因此必須先減 48（字元 0 的 ASCII 值）才會真正得到數值 2，如此一來，才可以累加奇位數的和。同理，但如果數字總長度能被 2 整除，表示第一個字元是偶位數，如果要將這些偶數位的字元的數字和累計，在累計前必須先將該字元轉成以 ASCII 值表示的整數，如此一來，才可以累加奇位數的和。

1.3 參考解答程式碼：秘密差 .c

```c
01    #include <stdio.h>
02    #include <stdlib.h>
03    #include <string.h>
04
05    int main(void) {
06        char X[1000];
07        printf(" 請輸入位數不超過 1000 位的正整數：  \n");
08        scanf("%s", X);
09
10        int A = 0; // 記錄奇數位數的和
11        int B = 0; // 記錄偶數位數的和
12        if (strlen(X) % 2!=0) {    // 若數字總長度不能被 2 整除，表示第一個字元是奇位數
13            for(int i=0; i<strlen(X); i++) {
14                if((i%2)==0)  A += (int)(X[i])-48; // 奇數位數字加總
15                else  B += (int)(X[i])-48;  // 偶數位數字加總
16            }
17        }
18        else{ // 若數字總長度能被 2 整除，表示第一個字元是偶位數
19            for(int i=0; i<strlen(X); i++){
20                if((i%2)==0)  B += (int)(X[i])-48;  // 偶數位數字加總
21                else  A += (int)(X[i])-48;  // 奇數位數字加總
22            }
23        }
24        printf("%d\n", abs(A-B));
25        return 0;
26    }
```

● 範例一執行結果

```
請輸入位數不超過1000位的正整數:
263541
3

_____

Process exited after 19.93 seconds with return value 0
請按任意鍵繼續 . . . ▂
```

● 範例二執行結果

```
請輸入位數不超過1000位的正整數:
131
1

_____

Process exited after 1.732 seconds with return value 0
請按任意鍵繼續 . . .
```

● 程式碼說明

- 第 6~8 列：以字串資料型態輸入位數不超過 1000 位的正整數，並將結果值儲在已宣告的 X[1000] 字元陣列。

- 第 12~17 列：若數字總長度不能被 2 整除，表示第一個字元是奇位數。第 14 列奇數位數字加總，第 15 列偶數位數字加總。

- 第 18~23 列：若數字總長度能被 2 整除，表示第一個字元是偶位數。第 20 列偶數位數字加總，第 21 列奇數位數字加總。

- 第 24 列：輸出 X 的秘密差 Y（以十進位表示法輸出），以換行字元結尾。

第 ❷ 題：小群體

2.1 測驗試題

問題描述

Q 同學正在學習程式，P 老師出了以下的題目讓他練習。

一群人在一起時經常會形成一個一個的小群體。假設有 N 個人，編號由 0 到 N-1，每個人都寫下他最好朋友的編號（最好朋友有可能是他自己的編號，如果他自己沒有其他好友），在本題中，每個人的好友編號絕對不會重複，也就是說 0 到 N-1 每個數字都恰好出現一次。這種好友的關係會形成一些小群體。例如 N=10，好友編號如下，

	0	1	2	3	4	5	6	7	8	9
好友編號	4	7	2	9	6	0	8	1	5	3

0 的好友是 4，4 的好友是 6，6 的好友是 8，8 的好友是 5，5 的好友是 0，所以 0、4、6、8、和 5 就形成了一個小群體。另外，1 的好友是 7，而且 7 的好友是 1，所以 1 和 7 形成另一個小群體，同理，3 和 9 是一個小群體，而 2 的好友是自己，因此他自己是一個小群體。總而言之，在這個例子裡有 4 個小群體：{0,4,6,8,5}、{1,7}、{3,9}、{2}。本題的問題是：輸入每個人的好友編號，計算出總共有幾個小群體。

Q 同學想了想卻不知如何下手，和藹可親的 P 老師於是給了他以下的提示：如果你從任何一人 x 開始，追蹤他的好友，好友的好友，…，這樣一直下去，一定會形成一個圈回到 x，這就是一個小群體。如果我們在追蹤的過程中，把追蹤過的加以標記，則很容易知道哪些人已經追蹤過，因此，當一個小群體找到之後，我們再從任何一個還未追蹤過的開始繼續找下一個小群體，直到所有的人都追蹤完畢。

Q 同學聽完之後很順利的完成了作業。

在本題中，你的任務與 Q 同學一樣：給定一群人的好友，請計算出小群體個數。

輸入格式

第一行是一個正整數 N，說明團體中人數。

第二行依序是 0 的好友編號、1 的好友編號、……、N-1 的好友編號。共有 N 個數字，包含 0 到 N-1 的每個數字恰好出現一次，數字間會有一個空白隔開。

輸出格式

請輸出小群體的個數。不要有任何多餘的字或空白，並以換行字元結尾。

範例一：輸入	範例二：輸入
10	3
4 7 2 9 6 0 8 1 5 3	0 2 1
範例一：正確輸出	範例二：正確輸出
4	2
【說明】4 個小群體是 {0,4,6,8,5},{1,7},{3,9} 和 {2}。	【說明】2 個小群體分別是 {0},{1,2}。

評分說明

輸入包含若干筆測試資料，每一筆測試資料的執行時間限制（time limit）均為 1 秒，依正確通過測資筆數給分。其中：

第 1 子題組 20 分，$1 \leq N \leq 100$，每一個小群體不超過 2 人。

第 2 子題組 30 分，$1 \leq N \leq 1,000$，無其他限制。

第 3 子題組 50 分，$1,001 \leq N \leq 50,000$，無其他限制。

2.2 解題重點分析

記得宣告一個 num 變數，記錄小群組的個數。第一行是一個正整數 n。另外一開始先設定整數陣列 marked 的所有元素值為 0，表示尚未探訪。

```
for (i=0;i<=n-1;i++){
    scanf("%d",&no[i]); // 從 0 到 N 依序讀取各好友編號
    marked[i]=0;// 初值設定每一個編號都尚未拜訪
}
```

同時設定一個字元變數 find 初設值為 0，用來記錄是否順利找到小群體。每找到一個群組就將該變數 find 初設值為 1 表示已順利找到小群體。

另外補充說明的是 no[5000] 是用來記錄每位成員的朋友編號，例如底下的輸入資料：

```
0
4 7 2 9 6 0 8 1 5 3
```

表示編號 0 的好友編號為 4，編號 4 的好友編號為 6，編號 6 的好友編號為 8，編號 8 的好友編號為 5，編號 5 的好友編號為 0，因此 {0,4,6,8,5} 就是一個小群體。請參考底下的表格對應說明：

自己編號	0	1	2	3	4	5	6	7	8	9
好友編號	4	7	2	9	6	0	8	1	5	3

要開始找小群體時，可以先從第一個人編號為 0 開始找起，每找到一個小群體就將記錄小群組個數的 num 累加 1，任何被拜訪過的人，則代表該人索引編號的 marked 陣列值設定為 1，表示已拜訪過。接著再找到下一個沒有拜訪過的人，且不在已找到的群體中，從其開始探訪，再找出下一個小群體，以此類推。這個部份的演算法如下：

```
i=0;
num=0;// 歸零
int find=0; // 如果還沒找到小群體預設值為 0
int head;
while (find==0) {
    head=i;// 記錄每一個小群體的頭
    while (no[i]!=head && marked[i]==0 ){
        marked[i]=1; // 設定已探訪
        i=no[i];       // 繼續探訪他的好友
    }
    num++;       // 累加有多少個小群體
    marked[i]=1; // 設定已探訪
    find=1;   // 表示已順利找到小群體
    // 依序找出不在已找到的群體中且沒有探訪者，從該編號開始探訪
    for (i=0 ;i<=n-1;i++)
        if (marked[i]==0){
            find=0;
            break;
        }
}
```

2.3 參考解答程式碼：小群體 .c

```
01    #include <stdio.h>
02
03    int main(void) {
04        int no[50000];
05        int marked[50000];
06        int i,n;
07        int num; // 多少個小群體的計數器
08
09        scanf("%d",&n); // 讀取團體人數
10        for (i=0;i<=n-1;i++){
11            scanf("%d",&no[i]); // 從 0 到 N 依序讀取各好友編號
12            marked[i]=0;// 初值設定每一個編號都尚未拜訪
13        }
14        i=0;
15        num=0;// 歸零
16        int find=0; // 如果還沒找到小群體預設值為 0
17        int head;
18        while (find==0) {
19            head=i;// 記錄每一個小群體的頭
20            while (no[i]!=head && marked[i]==0 ){
21                marked[i]=1; // 設定已探訪
22                i=no[i];        // 繼續探訪他的好友
23            }
24            num++;      // 累加有多少個小群體
25            marked[i]=1;        // 設定已探訪
26            find=1;   // 表示已順利找到小群體
27            // 依序找出不在已找到的群體中且沒有探訪者，從該編號開始探訪
28            for (i=0 ;i<=n-1;i++)
29                if (marked[i]==0){
30                    find=0;
31                    break;
32                }
33        }
34        printf("%d",num);
35        return 0;
36    }
```

▶ 範例一執行結果

```
10
4 7 2 9 6 0 8 1 5 3
4
------------------------------------
Process exited after 28.25 seconds with return value 0
請按任意鍵繼續 . . .
```

4 個小群體是 {0,4,6,8,5}，{1,7}，{3,9} 和 {2}。

範例二執行結果

```
3
0 2 1
2
--------------------------------
Process exited after 7.322 seconds with return value 0
請按任意鍵繼續 . . .
```

2 個小群體分別是 {0},{1,2}。

程式碼說明

- 第 4 列：記錄好友編號的陣列。

- 第 5 列：宣告一個是否已探訪的整數陣列，如果陣列值為 0 表示該人編號還沒有探訪，但如果該人編號已被探訪，則將該陣列值設定為 1。

- 第 9 列：輸入第一行資料，第一行是一個正整數 n，說明團體中人數。

- 第 10~13 列：輸入第二行資料，第二行依序是 0 的好友編號、1 的好友編號、……、n-1 的好友編號。共有 n 個數字，包含 0 到 n-1 的每個數字恰好出現一次，數字間會有一個空白隔開。

- 第 15 列：小群體個數統計的變數一開始要記得歸零。

- 第 16 列：用來記錄是否順利找到小群體。

- 第 18~33 列：尋找小群體的主要程式段，首先先從第一個人開始找起，每找到一個小群體，就再找另一個沒有被拜訪的成員且不在其他小群體的人，再次找出另一個小群體，如果全部探訪完畢就離開迴圈。

- 第 34 列：輸出小群體的個數。不要有任何多餘的字或空白，並以換行字元結尾。

第 ❸ 題：數字龍捲風

3.1 測驗試題

問題描述

給定一個 N*N 的二維陣列，其中 N 是奇數，我們可以從正中間的位置開始，以順時針旋轉的方式走訪每個陣列元素恰好一次。對於給定的陣列內容與起始方向，請輸出走訪順序之內容。下面的例子顯示了 N=5 且第一步往左的走訪順序：

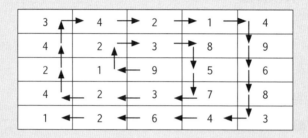

依此順序輸出陣列內容則可以得到「9123857324243421496834621」。

類似地，如果是第一步向上，則走訪順序如下：

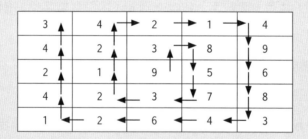

依此順序輸出陣列內容則可以得「9385732124214968346214243」。

輸入格式

輸入第一行是整數 N，N 為奇數且不小於 3。第二行是一個 0~3 的整數代表起始方向，其中 0 代表左、1 代表上、2 代表右、3 代表下。第三行開始 N 行是陣列內容，順序是由上而下，由左至右，陣列的內容為 0~9 的整數，同一行數字中間以一個空白間隔。

輸出格式

請輸出走訪順序的陣列內容，該答案會是一連串的數字，數字之間不要輸出空白，結尾有換行符號。

範例一：輸入	範例二：輸入
5	3
0	1
3 4 2 1 4	4 1 2
4 2 3 8 9	3 0 5
2 1 9 5 6	6 7 8
4 2 3 7 8	
1 2 6 4 3	
範例一：正確輸出	範例二：正確輸出
91238573242434214496834621	012587634

評分說明

輸入包含若干筆測試資料，每一筆測試資料的執行時間限制（time limit）均為 1 秒，依正確通過測資筆數給分。其中：

第 1 子題組 20 分，$3 \leq N \leq 5$，且起始方向均為向左。

第 2 子題組 80 分，$3 \leq N \leq 49$，起始方向無限定。

提示：本題有多種處理方式，其中之一是觀察每次轉向與走的步數。例如，起始方向是向左時，前幾步的走法是：左 1、上 1、右 2、下 2、左 3、上 3、……一直到出界為止。

3.2 解題重點分析

本題目要求這個 N*N 的二維陣列，從正中間的位置開始，以順時針旋轉的方式走訪每個陣列的元素恰好一次。本實作題的程式設計重點在於觀察「每次走的方向」及「每次走的步數」，目前可以走的方向有四個，必須先讀取測試資料的第二列數字，如果第二列數字是 0 代表向左移動，1 代表向上移動，2 代表向右移動，3 代表向下移動。例如假設起始方向為向上移動（即第二列數字為 1）時，從最中間的位置開始走，前幾步的走法為：向上走 1

步、向右走 1 步、向下走 2 步、向左走 2 步、向上走 3 步、向右走 3 步、向下走 4 步、向左走 4 步、向上走 5 步、向右走 5 步…. 一直到走出矩陣外面為止。

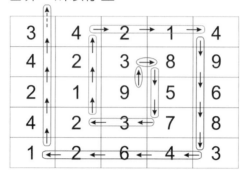

這是典型觀察數列變化的程式設計題目，我們必須先找出數列之間變化的規則性，相關解題技巧摘要如下：

1. 一開始先宣告一個方向向量的二維陣列，該陣列依索引位置 0、1、2、3 分別左、上、右、下的四個方向的橫向列及縱向行索引值的數值變化。例如底下的程式碼片段：

```
const int direction[4][2]={{0,-1},{-1,0},{0,1},{1,0}};
```

2. 從數列的變化可以看出每經歷兩個方向後，必須在下一個方向轉變時，走的步數要累加 1 步，接著再經歷兩個方向後，走的步數又會累加 1 步。同時每走完四個方向為一循環，請看底下數列的變化說明：

1（向上）方向走 1 步

2（向右）方向走 1 步

3（向下）方向走 2 步　　　（每經歷兩個方向後，走的步數要累加 1）

0（向左）方向走 2 步

1（向上）方向走 3 步　　　（每經歷兩個行進方向改變後，走的步數要累加 1；每走向上下右下左四個方向後又回復到上右下右的方向）

2（向右）方向走 3 步

3（向下）方向走 4 步　　　（每經歷兩個行進方向改變後，走的步數要累加 1）

0（向左）方向走 4 步

1 （向上）方向走 5 步 （每經歷兩個行進方向改變後，走的步數要累加 1 ；每走向
上下右下左四個方向後又回復到上右下右的方向）

2 （向右）方向走 5 步

....

底下為本程式各變數所代表的意義：

- n 讀取測試的檔案資料的第一列，必須是整數，而且是不小於 3 的奇數。

- 變數 dir 是用來記錄中間位置的起始方向，每改變一個方向時，該變數值要累加 1。
同時每改變 4 次不同的方向，就必須回到原先的起始方向。在程式的作法如下：

```
dir++;
dir %=4;
```

- data[n][n] 二維陣列用來記錄陣列內容。

- step 用來控制同一個方向要持續走多少步。

- stepcounter 行進方向變化的計數器，每經歷兩個行進方向改變後，下一個方向走的
步數要累加 1，即 step++。

- counter 用來記錄已走訪的陣列元素個數。

3.3 參考解答程式碼：數字龍捲風 .c

```
01    #include <stdio.h>
02    #include <math.h>
03    #define testdata "data1.txt"
04
05    // 方向向量，其中 0 代表左 、1 代表上 、2 代表右 、3 代表下
06    const int direction[4][2]={{0,-1},{-1,0},{0,1},{1,0}};
07
08    int main()
09    {
10        FILE *fp;
11        int n;
12        int row;
13        int col;
14
15        fp=fopen(testdata,"r");
16        fscanf(fp,"%d", &n);  // 輸入 第一行 是整數 N，N 為奇數且不小於 3。
```

```
17      int dir; // 用來記錄中間位置的起始方向
18      /*
19      記錄移動方式的變數，一個 0~3 的整數 代表起始方向，
20      其中 0 代表左 、1 代表上 、2 代表右 、3 代表下 。
21      */
22      fscanf(fp,"%d", &dir);
23      int data[n][n]; // 用來記錄陣列內容
24      for (int i = 0; i < n; i++)
25          for (int j = 0; j < n; j++)
26              fscanf(fp,"%d", &data[i][j]);
27
28      int step = 1; // 用來控制同一個方向要持續走多少步
29      int stepcounter = 0; // 行進方向變化的計數器
30      int counter = 1; // 用來記錄已走訪的陣列元素個數
31      row = floor(n / 2);
32      col = floor(n / 2);
33      printf("%d", data[row][col]);
34      while (counter < n * n) {
35          for (int i = 0; i < step; i++) {
36              row += direction[dir][0];
37              col += direction[dir][1];
38              printf("%d", data[row][col]);
39              counter++;
40              if (counter == n * n) break;
41          }
42          stepcounter++;
43          if (stepcounter % 2 == 0) step++;
44          dir++;
45          dir %= 4; //0,1,2,3 移動方向四個一循環
46      }
47      return 0;
48  }
```

▶ 範例一輸入

```
5
0
3 4 2 1 4
4 2 3 8 9
2 1 9 5 6
4 2 3 7 8
1 2 6 4 3
```

範例一輸出

```
9123857324243421496834621
------------------------------------
Process exited after 0.1931 seconds with return value 0
請按任意鍵繼續 . . .
```

範例二輸入

```
3
1
4  1  2
3  0  5
6  7  8
```

範例二輸出

```
012587634
------------------------------------
Process exited after 0.1927 seconds with return value 0
請按任意鍵繼續 . . .
```

程式碼說明

- 第 6 列：方向向量，其中 0 代表左、1 代表上、2 代表右、3 代表下。

- 第 22 列：讀入 dir 變數的值，此變數記錄移動方式的變數，一個 0~3 的整數代表起始方向，其中 0 代表左、1 代表上、2 代表右、3 代表下。

- 第 23~26 列：讀取 data[n][n] 二維陣列，是用來記錄陣列內容。

- 第 28 列：用來控制同一個方向要持續走多少步。

- 第 29 列：行進方向變化的計數器。

- 第 30 列：用來記錄已走訪的陣列元素個數。

- 第 31~32 列：計算二維陣列正中間位置的橫向及縱向的索引值。

- 第 34~46 列：從最中間位置開始出發，每輸出一個位置的數字，就累加 counter 計數器變數，當 counter 值等於 n*n 時，就跳離迴圈，另外每累積 2 個方向，下一個方向一次要走的步伐就要加 1。

第 ❹ 題：基地台

4.1 測驗試題

問題描述

為因應資訊化與數位化的發展趨勢，某市長想要在城市的一些服務點上提供無線網路服務，因此他委託電信公司架設無線基地台。某電信公司負責其中 N 個服務點，這 N 個服務點位在一條筆直的大道上，它們的位置（座標）係以與該大道一端的距離 P[i] 來表示，其中 i=0~N-1。由於設備訂製與維護的因素，每個基地台的服務範圍必須都一樣，當基地台架設後，與此基地台距離不超過 R（稱為基地台的半徑）的服務點都可以使用無線網路服務，也就是說每一個基地台可以服務的範圍是 D=2R（稱為基地台的直徑）。現在電信公司想要計算，如果要架設 K 個基地台，那麼基地台的最小直徑是多少才能使每個服務點都可以得到服務。

基地台架設的地點不一定要在服務點上，最佳的架設地點也不是唯一，但本題只需要求最小直徑即可。以下是一個 N=5 的例子，五個服務點的座標分別是 1、2、5、7、8。

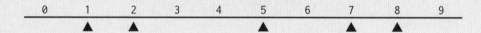

假設 K=1，最小的直徑是 7，基地台架設在座標 4.5 的位置，所有點與基地台的距離都在半徑 3.5 以內。假設 K=2，最小的直徑是 3，一個基地台服務座標 1 與 2 的點，另一個基地台服務另外三點。在 K=3 時，直徑只要 1 就足夠了。

輸入格式

輸入有兩行。第一行是兩個正整數 N 與 K，以一個空白間格。第二行 N 個非負整數 P[0]，P[1]，…，P[N-1] 表示 N 個服務點的位置，這些位置彼此之間以一個空白間格。

請注意，這 N 個位置並不保證相異也未經過排序。本題中，K<N 且所有座標是整數，因此，所求最小直徑必然是不小於 1 的整數。

輸出格式

輸出最小直徑，不要有任何多餘的字或空白並以換行結尾。

範例一：輸入	範例二：輸入
5 2	5 1
5 1 2 8 7	7 5 1 2 8
範例一：正確輸出	範例二：正確輸出
3	7
【說明】如題目中之說明。	【說明】如題目中之說明。

評分說明

輸入包含若干筆測試資料，每一筆測試資料的執行時間限制（time limit）均為 2 秒，依正確通過測資筆數給分。其中：

第 1 子題組 10 分，座標範圍不超過 100，1≤K≤2，K≤N≤10。

第 2 子題組 20 分，座標範圍不超過 1,000，1≤K<N≤100。

第 3 子題組 20 分，座標範圍不超過 1,000,000,000，1≤K<N≤500。

第 4 子題組 50 分，座標範圍不超過 1,000,000,000，1≤K<N≤50,000。

4.2 解題重點分析

本題要求輸出基地台架設的最小直徑，基地台的直徑大小最小為 1，最大為 floor（（服務站最大座標 – 服務站最小座標）/ 基地台個數）+ 1，其中 floor 功能是取比參數小的最大整數。接著，我們必須設定可以傳入一個整數的直徑參數 diameter 的函數，該函數會回傳字元資料型態，在題目給定的 K 個基地台前提下，如果所傳入的直徑參數 diameter，可以覆蓋所有給定的 N 個服務點，則回傳 'Y'，表示此直徑符合條件。但如果所傳入的直徑參數 diameter，無法覆蓋所有服務點，則回傳 'N'，表示此直徑不符合條件。

有了這樣的基本理解後，接著就必須由小到大逐一判斷，在所有給定的直徑中，找出能覆蓋所有服務點的最小直徑。其實這有幾種作法：循序搜尋法、二分搜尋法、內插搜尋法、費氏搜尋法、雜湊搜尋法等，這些搜尋法都有其優缺點，底下筆者摘要較基礎的循序搜尋法、二分搜尋法及內插搜尋法。

▶ 循序搜尋法

循序搜尋法又稱線性搜尋法，是一種最簡單的搜尋法。它的方法是將資料一筆一筆的循序逐次搜尋。所以不管資料順序為何，都是得從頭到尾走訪過一次。此法的優點是檔案在搜尋前不需要作任何的處理與排序，缺點為搜尋速度較慢。如果資料沒有重覆，找到資料就可中止搜尋的話，在最差狀況是未找到資料，需作 n 次比較，最好狀況則是一次就找到，只需 1 次比較。

我們就以一個例子來說明，假設已存在數列 74,53,61,28,99,46,88，如果要搜尋 28 需要比較 4 次；搜尋 74 僅需比較 1 次；搜尋 88 則需搜尋 7 次，這表示當搜尋的數列長度 n 很大時，利用循序搜尋是不太適合的，它是一種適用在小檔案的搜尋方法。在日常生活中，我們經常會使用到這種搜尋法，例如各位想在衣櫃中找衣服時，通常會從櫃子最上方的抽屜逐層尋找。

> 在衣櫃中逐層找尋衣服，也是一種循序搜尋法的應用。

當資料量很大時，不適合使用循序搜尋法。但如果預估所搜尋的資料在檔案前端則可以減少搜尋的時間。

▶ 二分搜尋法

如果要搜尋的資料已經事先排序好，則可使用二分搜尋法來進行搜尋。二分搜尋法是將資料分割成兩等份，再比較鍵值與中間值的大小，如果鍵值小於中間值，可確定要找的資料在前半段的元素，否則在後半部。如此分割數次直到找到或確定不存在為止。例如以下已排序數列 2、3、5、8、9、11、12、16、18，而所要搜尋值為 11 時：

首先跟第五個數值 9 比較：

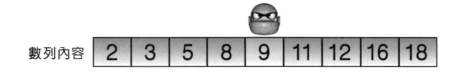

數列內容	2	3	5	8	9	11	12	16	18

因為 11 > 9，所以和後半部的中間值 12 比較：

因為 11 < 12，所以和前半部的中間值 11 比較：

因為 11=11，表示搜尋完成，如果不相等則表示找不到。

二分法必須事先經過排序，且資料量必須能直接在記憶體中執行，此法適合用於不需增刪的靜態資料。

▶ 內插搜尋法

內插搜尋法（Interpolation Search）又叫做插補搜尋法，是二分搜尋法的改版。它是依照資料位置的分佈，利用公式預測資料的所在位置，再以二分法的方式漸漸逼近。使用內插法是假設資料平均分佈在陣列中，而每一筆資料的差距是相當接近或有一定的距離比例。其內插法的公式為：

```
Mid=low+((key-data[low])/(data[high]-data[low]))*(high-low)
```

其中 key 是要尋找的鍵，data[high]、data[low] 是剩餘待尋找記錄中的最大值及最小值，對資料筆數為 n，其插補搜尋法的步驟如下：

❶ 將記錄由小到大的順序給予 1,2,3...n 的編號。

❷ 令 low=1，high=n

❸ 當 low<high 時，重複執行步驟 ❹ 及步驟 ❺

❹ 令 Mid=low+((key-data[low])/(data[high]-data[low]))*(high-low)

❺ 若 key<key_{Mid} 且 high ≠ Mid-1 則令 high=Mid-1

❻ 若 key = key_{Mid} 表示成功搜尋到鍵值的位置

❼ 若 key>key_{Mid} 且 low ≠ Mid+1 則令 low=Mid+1

一般而言，內插搜尋法優於循序搜尋法，而如果資料的分佈愈平均，則搜尋速度愈快，甚至可能第一次就找到資料。此法的時間複雜度取決於資料分佈的情況而定，平均而言優於 O(log n)。另外，使用內插搜尋法資料需先經過排序。

綜合上述三種作法的優缺點，再考量實作程式的難易度，本題筆者採用二分搜尋法。

首先我們先來看看這個判斷程式的相關程式碼片段，這個函式的名稱為 isCovered，該函式功能可以測試傳入的基地台直徑 diameter 參數，是否覆蓋所有服務據點。底下為該函式的程式碼片段：

```c
char isCovered(int diameter) {
    int coverage =0; // 基地台覆蓋範圍
    int number = 0; // 基地台數量的計數器
    int pos = 0;// 服務點索引編號從 0 開始

    for (int i=0;i<N;i++) // 從最前面服務點開始找起
    {
        coverage = P[pos] + diameter;  // 基地台的覆蓋範圍
        number++;  // 記錄基地台數目的計數器，此處要累加 1
        /*
        如果基地台數量大於 K，則傳回 'N'，表示這個直徑大小
        所涵蓋的範圍，無法完全覆蓋所有服務點
        */
        if(number>K)
            return 'N';
        // 如果涵蓋全部服務點且基地台數量小於 K 則傳回 'Y'
        if((number<=K) && (P[N-1]<=coverage) )
            return 'Y';
        do{   // 直接跳到下一個沒有被涵蓋的服務點
            pos++;
        }while (P[pos]<=coverage);
    }
}
```

接著來介紹本程式會使用到的各變數所代表的意義：

■ 整數 N：服務點數目。

■ 整數 K：基地台數目。

■ 一維整數陣列 P[50000]：服務點的距離資訊。

■ 整數 min：二分搜尋法的下邊界索引值，初設的最小直徑從 1 開始。

- 整數 max：二分搜尋法的上邊界索引值，初設的最大直徑為 floor（（服務站最大座標 – 服務站最小座標）/ 基地台個數）+ 1，答案介於 min 及 max 這兩數之間，使用二分搜尋法找出答案。

- 整數 med：二分搜尋法用來加速找到答案的中間索引值 mid。

在主程式一開始先讀入服務點及基地台數量，接著再讀取各個服務點位置，並將取得的位置資訊存入一維陣列 P，為了可以進行二分搜尋法的先決條件是所搜尋的資料序列必須先行排序，一般的作法是由小到大排序。

底下為主程式中二分搜尋演算法的程式碼片段：

```
while(lower_bound <= upper_bound) {
    med = floor((lower_bound + upper_bound) / 2);  // 二分搜尋法
    // 如果傳回 'Y'，表示傳入 med 直徑的大小符合條件，
    // 接著將此傳入的直徑數值縮小後，再進行判斷
    if(isCovered(med)=='Y')
        upper_bound = med;
    // 如果傳回 'N'，表示傳入 med 直徑的大小不符合條件，
    // 再接著將此傳入的直徑數值縮放大後，再進行判斷
    else
        lower_bound = med + 1;
    if(lower_bound == upper_bound)
        break;
}
```

4.3　參考解答程式碼：基地台 .c

```
01    #include <stdio.h>
02    #include <math.h>
03    #define testdata "data2.txt"
04
05    void mysort(int*,int); //mysort 函式宣告，會將傳入陣列排序
06    char isCovered(int); //isCovered 函式宣告，回傳值為字元
07
08    int N;   // 服務點數目
09    int K;   // 基地台數目
10    int P[50000];   // 記錄服務點的距離資訊
11
12    int main(void) {
13        int lower_bound;
14        int upper_bound;
```

```
15      int med;
16      FILE *fp;
17
18      fp=fopen(testdata,"r");
19      fscanf(fp,"%d%d", &N, &K);   // 輸入服務點及基地台數目
20      for(int i=0; i<N; i++) {
21          fscanf(fp,"%d", &P[i]);
22      }
23      // 由小到大排序
24      mysort(P,N);
25      // 最小直徑為 1，
26      // 最大直徑為 floor(( 服務站最大座標 - 服務站最小座標 )/ 基地台個數 ) + 1
27      // 答案介於這兩數之間，使用二分搜尋法找出答案。
28      lower_bound = 1;   // 最小值從 1 開始
29      upper_bound = floor((P[N-1]-P[0])/K) + 1;   // 其中 floor 函數功能是取比參數小
                                                      的最大整數
30      while(lower_bound <= upper_bound) {
31          med = floor((lower_bound + upper_bound) / 2);   // 二分搜尋法
32          // 如果傳回 'Y'，表示傳入 med 直徑的大小符合條件，
33          // 接著將此傳入的直徑數值縮小後，再進行判斷
34          if(isCovered(med)=='Y')
35              upper_bound = med;
36          // 如果傳回 'N'，表示傳入 med 直徑的大小不符合條件，
37          // 再接著將此傳入的直徑數值縮放大後，再進行判斷
38          else
39              lower_bound = med + 1;
40          if(lower_bound == upper_bound)
41              break;
42      }
43      printf("%d\n", med);
44      return 0;
45  }
46
47  // 自訂將 mysort 函式，傳入陣列的值由小到大排序後再回傳
48  void mysort(int *a, int l) {
49      int i, j;
50      int v;
51      // 開始排序
52      for(i = 0; i < l - 1; i ++)
53          for(j = i+1; j < l; j ++)
54          {
55              if(a[i] > a[j])
56              {
```

```
57                      v = a[i];
58                      a[i] = a[j];
59                      a[j] = v;
60                  }
61              }
62      }
63
64      // 自訂 isCovered 函式，測試所傳入的基地台直徑 diameter 參數，
65      // 可否覆蓋所有據服務點，可以則回傳 'Y"，不可以則回傳 'N"
66      char isCovered(int diameter) {
67          int coverage =0; // 基地台覆蓋範圍
68          int number = 0; // 基地台數量的計數器
69          int pos = 0;// 服務點索引編號從 0 開始
70
71          for (int i=0;i<N;i++) // 從最前面服務點開始找起
72          {
73              coverage = P[pos] + diameter;   // 基地台的覆蓋範圍
74              number++;   // 記錄基地台數目的計數器，此處要累加 1
75              /*
76              如果基地台數量大於 K，則傳回 'N'，表示這個直徑大小
77              所涵蓋的範圍，無法完全覆蓋所有服務點
78              */
79              if(number>K)
80                  return 'N';
81              // 如果涵蓋全部服務點且基地台數量小於 K 則傳回 'Y'
82              if((number<=K) && (P[N-1]<=coverage) )
83                  return 'Y';
84              do{   // 直接跳到下一個沒有被涵蓋的服務點
85                  pos++;
86              }while (P[pos]<=coverage);
87          }
88      }
```

▶ 範例一執行結果

```
請輸入服務點及基地台數.中間以空白隔開.例如:5 2
5 2
請輸入各個服務點位置.中間以空白隔開.例如:5 1 2 8 7
5 1 2 8 7
3

--------------------------------
Process exited after 7.955 seconds with return value 0
請按任意鍵繼續 . . . ■
```

▶ 範例二執行結果

```
請輸入服務點及基地台數.中間以空白隔開.例如:5 2
5 1
請輸入各個服務點位置.中間以空白隔開.例如:5 1 2 8 7
7 5 1 2 8
7
------------------------------------
Process exited after 14.49 seconds with return value 0
請按任意鍵繼續 . . .
```

▶ 程式碼說明

- 第 5 列：mysort 函式宣告，會將傳入陣列排序。

- 第 6 列：isCovered 函式宣告，回傳值為字元。

- 第 8~10 列：服務點數目、基地台數目、記錄服務點的距離資訊三個變數宣告。

- 第 19~22 列：讀入服務點及基地台數量，接著再讀取各個服務點位置，並將取得的位置資訊存入一維陣列 P。

- 第 24 列：依據一維陣列 P 所記錄服務點的距離資訊由小到大排序。

- 第 28~42 列：使用二分搜尋法找出符合題意的最小直徑。

- 第 48~62 列：自訂將 mysort 函式，傳入陣列的值由小到大排序後再回傳。

- 第 66~88 列：自訂 isCovered 函式，測試所傳入的基地台直徑 diameter 參數，可否覆蓋所有據服務點。

8

Chapter

106 年 10 月實作題

第 ❶ 題：邏輯運算子（Logic Operators）

1.1 測驗試題

問題描述

小蘇最近在學三種邏輯運算子 AND、OR 和 XOR。這三種運算子都是二元運算子，也就是說在運算時需要兩個運算元，例如 a AND b。對於整數 a 與 b，以下三個二元運算子的運算結果定義如下列三個表格：

a AND b	b 為 0	b 不為 0
a 為 0	0	0
a 不為 0	0	1

a OR b	b 為 0	b 不為 0
a 為 0	0	1
a 不為 0	1	1

a XOR b	b 為 0	b 不為 0
a 為 0	0	1
a 不為 0	1	0

舉例來說：

(1) 0 AND 0 的結果為 0，0 OR 0 以及 0 XOR 0 的結果也為 0。

(2) 0 AND 3 的結果為 0，0 OR 3 以及 0 XOR 3 的結果則為 1。

(3) 4 AND 9 的結果為 1，4 OR 9 的結果也為 1，但 4 XOR 9 的結果為 0。

請撰寫一個程式，讀入 a、b 以及邏輯運算的結果，輸出可能的邏輯運算為何。

輸入格式

輸入只有一行，共三個整數值，整數間以一個空白隔開。第一個整數代表 a，第二個整數代表 b，這兩數均為非負的整數。第三個整數代表邏輯運算的結果，只會是 0 或 1。

輸出格式

輸出可能得到指定結果的運算，若有多個，輸出順序為 AND、OR、XOR，每個可能的運算單獨輸出一行，每行結尾皆有換行。若不可能得到指定結果，輸出 IMPOSSIBLE。（注意輸出時所有英文字母均為大寫字母。）

範例一：輸入	範例二：輸入	範例三：輸入	範例四：輸入
0 0 0	1 1 1	3 0 1	0 0 1
範例一：正確輸出	範例二：正確輸出	範例三：正確輸出	範例四：正確輸出
AND OR XOR	AND OR	OR XOR	IMPOSSIBLE

1.2 解題重點分析

C 語言中和本實作題相關的位元邏輯運算子，分別是 &（AND）、|（OR）、^（XOR）：

▶ &（AND）

執行 AND 運算時，對應的兩字元都為 1 時，運算結果才為 1，否則為 0。例如：a=12，則
a&38 得到的結果為 4，因為 12 的二進位表示法為 1100，38 的二進位表示法為 0110，兩者
執行 AND 運算後，結果為十進位的 4。如下圖所示：

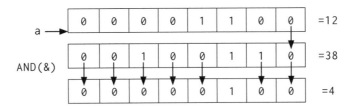

▶ |（OR）

執行 OR 運算時，對應的兩字元只要任一字元為 1 時，運算結果為 1，也就是只有兩字元都
為 0 時，才為 0。例如 a=12，則 a｜38 得到的結果為 46，如下圖所示：

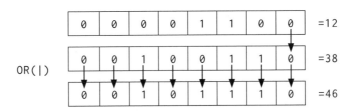

▶ ^（XOR）

執行 XOR 運算時，對應的兩字元只有任一字元為 1 時，運算結果為 1，但是如果同時為 1
或 0 時，結果為 0。例如 a=12，則 a^38 得到的結果為 42，如下圖所示：

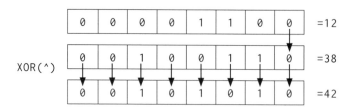

根據本題目所定義的三種邏輯運算子，各位可以發現：

- AND 運算子必須兩個運算元同時不為 0，結果值才會為 1，否則結果值為 0。

- OR 運算子必須兩個運算元同時為 0，其結果值才會為 0，否則結果值為 1。

- XOR 運算子的兩個運算元必須一個為 0、另一個不為 0，結果值才會為 1。但是如果是兩個運算元同時為 0 或同時不為 0，結果值則為 0。

但 C/C++ 語言的 &(AND)、|(OR)、^(XOR) 是屬於位元邏輯運算子，它只會針對運算元進行運算，為了加速程式撰寫及簡化問題的複雜度，我們可以運用一個技巧，先將所有大於 1 的整數 a 或 b 直接以 1 來取代，如此一來當 a 與 b 進行位元運算時，就可以降低程式複雜度，並加快執行速度。程式碼如下：

```
if(a>0)   a = 1;
if(b>0)   b = 1;
```

程式中會輸入三個整數及宣告三個變數來儲存不同運算子的運算結果。我們可以分三個運算子來加以分類，如果 a&b 的結果值等於 c，則表示這個運算子符合邏輯運算的結果值。and_op 是用來記錄整數 a 及整數 b 經過 &(AND) 運算子的結果值是否符合答案 c？如果是，則設定值為 1；如果不是，則設定值為 0。其他兩個運算子作法類似，程式碼如下：

```
if((a&b)==c)  and_op=1; else and_op=0;
if((a|b)==c)  or_op=1; else or_op=0;
if((a^b)==c)  xor_op=1; else xor_op=0;
```

接著只要判斷記錄每一種運算子的執行結果的變數值是否為 1，如果等於 1，再輸出代表該運算子的英文字 (AND、OR 或 XOR)，並進行換行動作。當三種運算子的執行結果的變數值都為 0 時，則印出「IMPOSSIBLE」後進行換行動作。此段程式碼如下：

```
if (and_op==1) printf("AND\n");
if (or_op==1) printf("OR\n");
if (xor_op==1) printf("XOR\n");

if (and_op==0 && or_op==0 && xor_op==0)
    printf("IMPOSSIBLE\n");
```

1.3 參考解答程式碼：邏輯運算子 .c

```
01   #include <stdio.h>
02
03   int main() {
04       int a, b, c;
05       printf(" 請輸入三個整數，例如 1 1 1 \n");
06       scanf("%d %d %d", &a, &b, &c);
07       int and_op, or_op, xor_op;
08
09       if(a>0)   a = 1;
10       if(b>0)   b = 1;
11       if((a&b)==c)   and_op=1; else and_op=0;
12       if((a|b)==c)   or_op=1; else or_op=0;
13       if((a^b)==c)   xor_op=1; else xor_op=0;
14
15       if (and_op==1) printf("AND\n");
16       if (or_op==1) printf("OR\n");
17       if (xor_op==1) printf("XOR\n");
18
19       if (and_op==0 && or_op==0 && xor_op==0)
20           printf("IMPOSSIBLE\n");
21
22       return 0;
23   }
```

▶ 範例一執行結果

```
請輸入三個整數，數值以空白分開
0 0 0
AND
OR
XOR

------------------------------------
Process exited after 6.685 seconds with return value 0
請按任意鍵繼續 . . .
```

▶ 範例二執行結果

```
請輸入三個整數，數值以空白分開
1 1 1
AND
OR

------------------------------------
Process exited after 3.507 seconds with return value 0
請按任意鍵繼續 . . .
```

▶ 範例三執行結果

```
請輸入三個整數，數值以空白分開
3 0 1
OR
XOR

------------------------------------
Process exited after 7.722 seconds with return value 0
請按任意鍵繼續 . . .
```

▶ 範例四執行結果

```
請輸入三個整數，數值以空白分開
0 0 1
IMPOSSIBLE

------------------------------------
Process exited after 6.083 seconds with return value 0
請按任意鍵繼續 . . .
```

▶ 程式碼說明

- 第 4~6 列：宣告三個整數型態的變數，接著輸入三個整數，數值以空白分開。

- 第 7 列：宣告三個變數用來儲存這三個邏輯運算子經運算後是否等於答案 c。

- 第 9~10 列：將所有大於 1 的整數 a 或 b 直接以 1 來取代。

- 第 11 列：用來記錄整數 a 及整數 b 經過 &(AND) 運算子的邏輯運算結果值是否符合答案 c？如果是，則設定值為 1；如果不是，則設定值為 0。

- 第 12 列：用來記錄整數 a 及整數 b 經過 |(OR) 運算子的邏輯運算結果值是否符合答案 c？如果是，則設定值為 1；如果不是，則設定值為 0。

- 第 13 列：用來記錄整數 a 及整數 b 經過 ^(XOR) 運算子的邏輯運算結果值是否符合答案 c？如果是，則設定值為 1；如果不是，則設定值為 0。

- 第 15~17 列：判斷記錄每一種運算子的執行結果的陣列值是否為 1，如果等於 1，再輸出該運算子，並進行換行動作。

- 第 19~20 列：當三種運算子的執行結果的陣列值都為 0 時，則印出「IMPOSSIBLE」後進行換行動作。

第 ❷ 題：交錯字串（Alternating Strings）

2.1 測驗試題

問題描述

一個字串如果全由大寫英文字母組成，我們稱為大寫字串；如果全由小寫字母組成則稱為小寫字串。字串的長度是它所包含字母的個數，在本題中，字串均由大小寫英文字母組成。假設 k 是一個自然數，一個字串被稱為「k- 交錯字串」，如果它是由長度為 k 的大寫字串與長度為 k 的小寫字串交錯串接組成。

舉例來說，「StRiNg」是一個 1- 交錯字串，因為它是一個大寫一個小寫交替出現；而「heLLow」是一個 2- 交錯字串，因為它是兩個小寫接兩個大寫再接兩個小寫。但不管 k 是多少，「aBBaaa」、「BaBaBB」、「aaaAAbbCCCC」都不是 k- 交錯字串。

本題的目標是對於給定 k 值，在一個輸入字串找出最長一段連續子字串滿足 k- 交錯字串的要求。例如 k=2 且輸入「aBBaaa」，最長的 k- 交錯字串是「BBaa」，長度為 4。又如 k=1 且輸入「BaBaBB」，最長的 k- 交錯字串是「BaBaB」，長度為 5。

請注意，滿足條件的子字串可能只包含一段小寫或大寫字母而無交替，如範例二。此外，也可能不存在滿足條件的子字串，如範例四。

輸入格式

輸入的第一行是 k，第二行是輸入字串，字串長度至少為 1，只由大小寫英文字母組成（A~Z，a~z）並且沒有空白。

輸出格式

輸出輸入字串中滿足 k- 交錯字串要求的最長一段連續子字串的長度，以換行結尾。

範例一：輸入	範例二：輸入	範例三：輸入	範例四：輸入
1	3	2	3
aBBdaaa	DDaasAAbbCC	aafAXbbCDCCC	DDaaAAbbCC
範例一：正確輸出	範例二：正確輸出	範例三：正確輸出	範例四：正確輸出
2	3	8	0

評分說明

輸入包含若干筆測試資料，每一筆測試資料的執行時間限制（time limit）均為 1 秒，依正確通過測資筆數給分。其中：

第 1 子題組 20 分，字串長度不超過 20 且 k=1。

第 2 子題組 30 分，字串長度不超過 100 且 k≤2。

第 3 子題組 50 分，字串長度不超過 100,000 且無其他限制。

提示：根據定義，要找的答案是大寫片段與小寫片段交錯串接而成。本題有多種解法的思考方式，其中一種是從左往右掃描輸入字串，我們需要記錄的狀態包含：目前是在小寫子字串中還是大寫子字串中，以及在目前大（小）寫子字串的第幾個位置。根據下一個字母的大小寫，我們需要更新狀態並且記錄以此位置為結尾的最長交替字串長度。

另外一種思考是先掃描一遍字串，找出每一個連續大（小）寫片段的長度，並將其記錄在一個陣列，然後針對這個陣列來找出答案。

2.2 解題重點分析

本題目要求輸入二行資料，第一行是整數 k，第二行是輸入字串，並將這個字串儲存到字元型態的 str 一維陣列。此處筆者的解題技巧是採用從左往右掃描輸入字串，並記錄目前是在小寫子字串中還是大寫子字串中，以及目前在這個大（小）寫子字串的第幾個位置。為了可以順利找到所輸入字串的最長交替字串長度，我們必須宣告幾個變數：

```
char capital_letter;   // 前一字元是否為大寫 , 如果是其值為 'Y", 否則為 'N'
int Upper_no = 0;   // 連續大寫的字元總數
int Lower_no = 0;   // 連續小寫的字元總數
int Alternating_len = 0;   // 目前交錯的字串長度
int longest = 0;   // 最長交錯的字串長度 , 即本題目要的答案
```

其中變數 capital_letter 記錄前一個字元是否為大寫，藉此判斷字串是否交替成小寫或持續大寫。另外，要有兩個變數來記錄連續大寫及連續小寫的字元總數。同時要有兩個變數：Alternating_len 追蹤目前交錯的字串長度及 longest 追蹤最長交錯的字串長度。

在字串掃描過程中，會用到比較大小的功能，各位也可以自訂函數，如下：

```
int max(int x,int y) {
    if (x>=y) return x;
    else return y;
}
```

取得輸入的資料及變數宣告工作後，接著就由左至右開始掃描字串，因為字串的第一個字元前面沒有任何字元，因此在程式設計的作法上，必須以第 1 個字元及第 2 個（含）以後的字元這兩種情況分別處理。

▶ 處理第 1 個字元的作法

必須先判斷第一個字元是否為小寫，如果是小寫，則將「capital_letter」的字元變數設定為「N」，並將記錄連續小寫的變數 Lower_no 的值設為 1。接著判斷如果題目所輸入的 k 值為 1，則這個字元就符合交錯字元的條件，此時就必須將記錄目前交錯字串長度的變數 Alternating_len 及 longest 設定為數值 1。

但是如果第一個字元經判斷為大寫，則將「capital_letter」的字元變數設定為「Y」，並將記錄連續大寫的變數 Upper_no 的值設為 1。接著判斷如果題目所輸入的 k 值為 1，則這個字元就符合交錯字元的條件，此時就必須將記錄目前交錯字串長度的變數 Alternating_len 及 longest 設定為數值 1。相關演算法如下：

```
// 處理第一個字元的作法
if(islower(str[0])) {
    capital_letter = 'N';  // 第一個字元是小寫
    Lower_no = 1;  // 連續小寫為 1
    if(k==1) {
        Alternating_len = 1;
        longest = 1;
    }
}
else {  // 大寫字母
    capital_letter = 'Y';  // 第一個字元是大寫
    Upper_no = 1;  // 連續大寫為 1
    if(k==1) {
        Alternating_len = 1;
        longest = 1;
    }
}
```

▶ 處理第 2 個（含）以後的字元的作法

這種情況就必須分底下四種情況來分別處理：

1. 此字元為小寫且前字元也是小寫

2. 此字元為小寫且前字元為大寫

3. 此字元為大寫且前字元也是大寫

4. 此字元為大寫且前字元為小寫

在實作這一部份的程式碼中有兩點程式技巧要特別作一說明：

1. 每取得一個目前交錯字串的長度後，必須與最長交錯的字串長度比較大小，再將較大值儲存到 longest 變數中。

```
longest = max(Alternating_len, longest);
```

2. 不論大寫字母或小寫字母，當連續大寫的字元總數大於 k，超過的部份不列入目前交錯的字串長度。

2.3 參考解答程式碼：交錯字串 .c

```
01    #include <stdio.h>
02    #include <string.h>
03    #include <ctype.h>
04
05    int max(int x,int y) {
06        if (x>=y) return x;
07        else return y;
08    }
09
10    int main(void) {
11        int k;
12        printf(" 輸入 k 值 ( 整數 ): ");   // 輸入 k 值 ( 整數 )
13        scanf("%d", &k);
14        char str[100000];
15        printf(" 輸入字串 : ");   // 輸入字串
16        scanf("%s", str);
17
18        char capital_letter;   // 前一字元是否為大寫 , 如果是其值為 'Y", 否則為 'N'
19        int Upper_no = 0;   // 連續大寫的字元總數
20        int Lower_no = 0;   // 連續小寫的字元總數
```

```
21        int Alternating_len = 0;   // 目前交錯的字串長度
22        int longest = 0;   // 最長交錯的字串長度，即本題目要的答案
23
24        // 處理第一個字元的作法
25        if(islower(str[0])) {
26            capital_letter = 'N';   // 第一個字元是小寫
27            Lower_no = 1;   // 連續小寫為 1
28            if(k==1) {
29                Alternating_len = 1;
30                longest = 1;
31            }
32        }
33        else {   // 大寫字母
34            capital_letter = 'Y';   // 第一個字元是大寫
35            Upper_no = 1;   // 連續大寫為 1
36            if(k==1) {
37                Alternating_len = 1;
38                longest = 1;
39            }
40        }
41        // 第 2 個以後的字元的作法
42        for(int i=1; i<strlen(str); i++) {
43            if(islower(str[i]) && capital_letter=='N') {   // 此字元為小寫且前字元也是
小寫
44                Lower_no += 1;
45                Upper_no = 0;
46                if(Lower_no==k) {
47                    Alternating_len += k;
48                    longest = max(Alternating_len, longest);   // 取目較大值
49                }
50                if(Lower_no>k)  Alternating_len = k;   // 超過部分不列入計算
51            }
52            else if(islower(str[i]) && capital_letter=='Y') {   // 此字元為小寫且前字
元為大寫
53                if(Upper_no<k)  Alternating_len = 0;
54                Lower_no = 1;
55                Upper_no = 0;
56                if(k==1) {
57                    Alternating_len += k;
58                    longest = max(Alternating_len, longest);
59                }
60                capital_letter = 'N';   // 設定前一字元為小寫
61            }
62            else if(isupper(str[i]) && capital_letter=='Y') {   // 此字元為大寫且前字
元也是大寫
63                Upper_no += 1;
64                Lower_no = 0;
65                if(Upper_no==k) {
```

```
66                    Alternating_len += k;
67                    longest = max(Alternating_len, longest);
68                }
69                if(Upper_no>k)  Alternating_len = k;
70            }
71            else if(isupper(str[i]) && capital_letter=='N') {   // 此字元為大寫且前字
元為小寫
72                if(Lower_no<k)  Alternating_len = 0;
73                Upper_no = 1;
74                Lower_no = 0;
75                if(Upper_no==k) {
76                    Alternating_len += k;
77                    longest = max(Alternating_len, longest);
78                }
79                capital_letter = 'Y';
80            }
81        }
82        printf("%d\n", longest);
83
84        return 0;
85    }
```

▶ 範例一執行結果

```
輸入 k 值<整數>: 1
輸入字串: aBBdaaa
2

-------------------
Process exited after 12.1 seconds with return value 0
請按任意鍵繼續 . . .
```

▶ 範例二執行結果

```
輸入 k 值<整數>: 3
輸入字串: DDaasAAbbCC
3

-------------------
Process exited after 16.32 seconds with return value 0
請按任意鍵繼續 . . . ▪
```

▶ 範例三執行結果

```
輸入 k 值〈整數〉: 2
輸入字串: aafAXbbCDCCC
8

------------------------------------
Process exited after 14.85 seconds with return value 0
請按任意鍵繼續 . . .
```

▶ 範例四執行結果

```
輸入 k 值〈整數〉: 3
輸入字串: DDaaAAbbCC
0

------------------------------------
Process exited after 11.56 seconds with return value 0
請按任意鍵繼續 . . .
```

▶ 程式碼說明

- 第 5~8 列：自訂比較大小功能的函數。

- 第 12~16 列：輸入的第一行是 k，第二行是輸入字串，字串長度至少為 1，只由大小寫英文字母組成（A~Z, a~z）並且沒有空白。

- 第 18~22 列：本程式會使用到的變數宣告。

- 第 24~40 列：處理字串第一個字元的程式碼，第 25~32 列為第一個字元為小寫的處理方式，第 33~40 列為第一個字元為大寫的處理方式。

- 第 41~81 列：處理字串第 2 個以後的字元的程式碼，此段程式會以迴圈方式逐一讀取第 2 個字元後的每一個字元，並依照四種情況分別處理：此字元為小寫且前字元也是小寫、此字元為小寫且前字元為大寫、此字元為大寫且前字元也是大寫、此字元為大寫且前字元為小寫。

第 ❸ 題：樹狀圖分析（Tree Analyses）

3.1 測驗試題

問題描述

本題是關於有根樹（rooted tree）。在一棵 n 個節點的有根樹中，每個節點都是以 1~n 的不同數字來編號，描述一棵有根樹必須定義節點與節點之間的親子關係。一棵有根樹恰有一個節點沒有父節點（parent），此節點被稱為根節點（root），除了根節點以外的每一個節點都恰有一個父節點，而每個節點被稱為是它父節點的子節點（child），有些節點沒有子節點，這些節點稱為葉節點（leaf）。在當有根樹只有一個節點時，這個節點既是根節點同時也是葉節點。

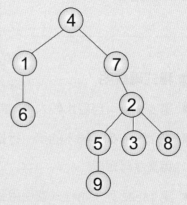

在圖形表示上，我們將父節點畫在子節點之上，中間畫一條邊（edge）連結。例如，圖一中表示的是一棵 9 個節點的有根樹，其中，節點 1 為節點 6 的父節點，而節點 6 為節點 1 的子節點；又 5、3 與 8 都是 2 的子節點。節點 4 沒有父節點，所以節點 4 是根節點；而 6、9、3 與 8 都是葉節點。

樹狀圖中的兩個節點 u 和 v 之間的距離 d(u,v) 定義為兩節點之間邊的數量。如圖一中，d(7, 5)=2，而 d(1, 2)=3。對於樹狀圖中的節點 v，我們以 h(v) 代表節點 v 的高度，其定義是節點 v 和節點 v 下面最遠的葉節點之間的距離，而葉節點的高度定義為 0。如圖一中，節點 6 的高度為 0，節點 2 的高度為 2，而節點 4 的高度為 4。此外，我們定義 H(T) 為 T 中所有節點的高度總和，也就是說 $H(T)=\sum_{v \in T} h(v)$。給定一個樹狀圖 T，請找出 T 的根節點以及高度總和 H(T)。

輸入格式

第一行有一個正整數 n 代表樹狀圖的節點個數，節點的編號為 1 到 n。接下來有 n 行，第 i 行的第一個數字 k 代表節點 i 有 k 個子節點，第 i 行接下來的 k 個數字就是這些子節點的編號。每一行的相鄰數字間以空白隔開。

輸出格式

輸出兩行各含一個整數，第一行是根節點的編號，第二行是 H(T)。

範例一：輸入	範例二：輸入
7	9
0	1 6
2 6 7	3 5 3 8
2 1 4	0
0	2 1 7
2 3 2	1 9
0	0
0	1 2
	0
	0
範例一：正確輸出	範例二：正確輸出
5	4
4	11

評分說明

輸入包含若干筆測試資料，每一筆測試資料的執行時間限制（time limit）均為 1 秒，依正確通過測資筆數給分。測資範圍如下，其中 k 是每個節點的子節點數量上限：

第 1 子題組 10 分，1≤n≤4,k≤3, 除了根節點之外都是葉節點。

第 2 子題組 30 分，1≤n≤1,000,k≤3。

第 3 子題組 30 分，1≤n≤100,000,k≤3。

第 4 子題組 30 分，1≤n≤100,000,k 無限制。

提示：輸入的資料是給每個節點的子節點有哪些或沒有子節點，因此，可以根據定義找出根節點。關於節點高度的計算，我們根據定義可以找出以下遞迴關係式：(1) 葉節點的高度為 0；(2) 如果 v 不是葉節點，則 v 的高度是它所有子節點的最大高度加一。也就是說，假設 v 的子節點有 a,b 與 c，則 h(v)=max{ h(a), h(b), h(c) }+1。以遞迴方式可以計算出所有節點的高度。

3.2 解題重點分析

本題的解析中我們將以範例一進行說明，根據所輸入的
資料可以繪製出如右的樹狀圖

為了儲存樹狀結構的各節點間的關連性，各位可以宣告
一個整數的二維陣列 data[n][100] 來儲存樹狀結構的所
有資料，其中 n 為樹狀結構節點總數。

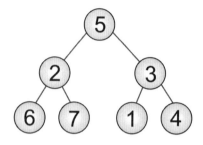

根據題意 h(v) 代表節點 v 的高度，其定義是節點 v 和節點 v 下面最遠的葉節點之間的距
離，而葉節點的高度定義為 0。根據這個定義，就可以自訂一個函式 get_height(int)，
其主要功能會回傳所傳入的節點編號的高度。本函式的演算法如下：

```c
void get_height(int n){
    for(int i=1; i<=n;i++){
        if(child_no[i]==0){
            int tall=0; // 記錄要計算節點的高度
            int node =parents[i]; // 移動到 i 的父節點
            while (node!=0){
                tall++;
                if(tall>height[node]){
                    height[node]=tall;
                }
                node=parents[node];
            }
        }
    }
}
```

另外有關程式中會用到的陣列變數，說明如下：

```c
int parents[SIZE]={0}; // 記錄每個節點父節點
int height[SIZE]={0}; // 記錄每個節點的高度
int child_no[SIZE]={0}; // 記錄每個節點的子節點數量
```

本程式的作法會從外部檔案來讀入測試資料，根據本題目中輸入格式的提示，我們必須先
讀取一個正整數 n，用以代表樹狀圖的節點個數，節點的編號為 1 到 n。接下來有 n 行，
則記錄編號為 1 到 n 分別有多少個子節點。

以下程式片段為讀取此樹狀圖資料，並儲存到程式中定義的相關變數。

```
fp=fopen(testdata,"r");
fscanf(fp,"%d",&n); // 從檔案中讀取樹狀圖的節點個數
for (int i=1; i<=n;i++){
    fscanf(fp,"%d",&child_no[i]); // 讀取節點的編號 1 到 n 的子節點個數
    for (int j=1; j<=child_no[i];j++){
        fscanf(fp," %d",&temp); // 依序每一個節點的子節點編號
        parents[temp]=i; // 記錄這些子節點的父節點編號
    }
}
```

接下來的任務就是輸出根節點的編號,並計算各節點的最大高度及輸出所有節點的高度總和。

3.3 參考解答程式碼:樹狀圖分析 .c

```
01    #include <stdio.h>
02    #include <stdlib.h>
03    #define testdata "data1.txt"
04    #define SIZE 100000
05
06    void get_height(int); // 取得每個節點的高度
07    void print_root(int); // 將找到的樹狀圖的根節點編號印出
08    long total(int);   // 函數原型宣告,回傳所有節點最大高度總和
09
10    int parents[SIZE]={0}; // 記錄每個節點父節點
11    int height[SIZE]={0}; // 記錄每個節點的高度
12    int child_no[SIZE]={0}; // 記錄每個節點的子節點數量
13
14    int main(void){
15        FILE *fp;
16        int n; // 節點的個數
17        int temp;
18        long sum_of_height;
19
20        fp=fopen(testdata,"r");
21        fscanf(fp,"%d",&n); // 從檔案中讀取樹狀圖的節點個數
22        for (int i=1; i<=n;i++){
23            fscanf(fp,"%d",&child_no[i]); // 讀取節點的編號 1 到 n 的子節點個數
24            for (int j=1; j<=child_no[i];j++){
25                fscanf(fp," %d",&temp); // 依序每一個節點的子節點編號
26                parents[temp]=i; // 記錄這些子節點的父節點編號
27            }
28        }
29        print_root(n);// 輸出根節點的編號
30        get_height(n);// 取得各節點的高度
```

```
31        sum_of_height=total(n);// 計算各節點的高度總和
32
33        printf("%ld",sum_of_height);// 輸出所有節點的高度總和
34        return 0;
35    }
36    // 將找到的樹狀圖的根節點編號印出
37    void print_root(int n){
38        for(int i=1;i<=n;i++){
39            if(parents[i]==0)
40                printf("%d\n", i);
41        }
42    }
43    // 取得每個節點的高度
44    void get_height(int n){
45        for(int i=1; i<=n;i++){
46            if(child_no[i]==0){
47                int tall=0; // 記錄要計算節點的高度
48                int node =parents[i]; // 移動到 i 的父節點
49                while (node!=0){
50                    tall++;
51                    if(tall>height[node]){
52                        height[node]=tall;
53                    }
54                    node=parents[node];
55                }
56            }
57        }
58    }
59    // 回傳所有節點最大高度總和
60    long total(int n){
61        long sum=0; // 最大高度
62        for(int i=1 ; i<=n ; i++){
63            sum = sum + height[i];
64        }
65        return sum;
66    }
```

▶ 範例一：輸入

```
7
0
2  6  7
2  1  4
0
2  3  2
0
0
```

● 範例一：正確輸出

```
5
4
---------------------------------
Process exited after 0.1818 seconds with return value 0
請按任意鍵繼續 . . .
```

● 範例二：輸入

```
9
1 6
3 5 3 8
0
2 1 7
1 9
0
1 2
0
0
```

● 範例二：正確輸出

```
4
11
---------------------------------
Process exited after 0.1757 seconds with return value 0
請按任意鍵繼續 . . .
```

● 程式碼說明

- 第 6~8 列：各種函數原型宣告。

- 第 10~12 列：各種陣列變數的宣告及初值設定。

- 第 15~18 列：區域變數宣告。

- 第 20~28 列：從外部檔案讀取測試資料，並儲存到所宣告的變數及陣列，以供程式計算每個節點高度。

- 第 29 列：輸出根節點編號。

- 第 30 列：取得各節點的高度。

- 第 31 列：計算各節點的高度總和。

- 第 33 列：輸出所有節點的高度總和。

第 ❹ 題：物品堆疊（Stacking）

4.1 測試試題

問題描述

某個自動化系統中有一個存取物品的子系統，該系統是將 N 個物品堆在一個垂直的貨架上，每個物品各佔一層。系統運作的方式如下：每次只會取用一個物品，取用時必須先將在其上方的物品貨架升高，取用後必須將該物品放回，然後將剛才升起的貨架降回原始位置，之後才會進行下一個物品的取用。

每一次升高某些物品所需要消耗的能量是以這些物品的總重來計算，在此我們忽略貨架的重量以及其他可能的消耗。現在有 N 個物品，第 i 個物品的重量是 w(i) 而需要取用的次數為 f(i)，我們需要決定如何擺放這些物品的順序來讓消耗的能量越小越好。舉例來說，有兩個物品 w(1)=1、w(2)=2、f(1)=3、f(2)=4，也就是說物品 1 的重量是 1 需取用 3 次，物品 2 的重量是 2 需取用 4 次。我們有兩個可能的擺放順序（由上而下）：

■ (1,2)，也就是物品 1 放在上方，2 在下方。那麼，取用 1 的時候不需要能量，而每次取用 2 的能量消耗是 w(1)=1，因為 2 需取用 f(2)=4 次，所以消耗能量數為 w(1)*f(2)=4。

■ (2,1)，也就是物品 2 放在 1 的上方。那麼，取用 2 的時候不需要能量，而每次取用 1 的能量消耗是 w(2)=2，因為 1 需取用 f(1)=3 次，所以消耗能量數 =w(2)*f(1)=6。

在所有可能的兩種擺放順序中，最少的能量是 4，所以答案是 4。再舉一例，若有三物品而 w(1)=3、w(2)=4、w(3)=5、f(1)=1、f(2)=2、f(3)=3。假設由上而下以 (3,2,1) 的順序，此時能量計算方式如下：取用物品 3 不需要能量，取用物品 2 消耗 w(3)*f(2)=10，取用物品 1 消耗 (w(3)+w(2))*f(1)=9，總計能量為 19。如果以 (1,2,3) 的順序，則消耗能量為 3*2+(3+4)*3=27。事實上，我們一共有 3!=6 種可能的擺放順序，其中順序 (3,2,1) 可以得到最小消耗能量 19。

輸入的第一行是物品件數 N，第二行有 N 個正整數，依序是各物品的重量 w(1)、w(2)、…、w(N)，重量皆不超過 1000 且以一個空白間隔。第三行有 N 個正整數，依序是各物品的取用次數 f(1)、f(2)、…、f(N)，次數皆為 1000 以內的正整數，以一個空白間隔。

輸出格式

輸出最小能量消耗值，以換行結尾。所求答案不會超過 63 個位元所能表示的正整數。

範例一（第 1、3 子題）：輸入	範例二（第 2、4 子題）：輸入
2	3
20 10	3 4 5
1 1	1 2 3
範例一：正確輸出	範例二：正確輸出
10	19

評分說明

輸入包含若干筆測試資料，每一筆測試資料的執行時間限制（time limit）均為 1 秒，依正確通過測資筆數給分。其中：

第 1 子題組 10 分，N=2，且取用次數 f(1)=f(2)=1。

第 2 子題組 20 分，N=3。

第 3 子題組 45 分，N≤1,000，且每一個物品 i 的取用次數 f(i)=1。

第 4 子題組 25 分，N≤100,000。

4.2 解題重點分析

本範例會用到結構資料型態的概念，所謂結構能允許形成一種衍生資料型態（derived data type），它以 C 語言現有的資料型態作為基礎，允許使用者建立自訂資料型態。因此結構宣告後，只是告知編譯器產生一種新的資料型態，接著還必須宣告結構變數，才可以開始使用結構來存取其成員。結構變數宣告有兩種方式：第一種方式為結構與變數分開宣告，先定義結構主體，再宣告結構變數，或者在定義結構主體時，一併宣告建立結構變數。例如本例中的底下語法：

```
struct obj{
    int w;   // 物體重量
    int f;   // 物體取用次數
};

typedef struct obj OBJECT;
```

上述語法宣告了一個結構資料型態包含兩個結構成員，其中整數 w 可以記錄物體重量，整數 f 記錄物體的取用次數，之後宣告一個自訂型態。

為了求取最小消耗能量，必須將最小消耗能量由小到大排序。演算法如下：

```
OBJECT temp;
for(int i=0; i<N-1; i++) {
    for(int j=0; j<N-1-i; j++) {
        if((obj[j].w*obj[j+1].f) > (obj[j+1].w*obj[j].f)) {
            temp = obj[j];
            obj[j] = obj[j+1];
            obj[j+1] = temp;
        }
    }
}
```

排序後再一層一層處理，當計算某一層的最小消耗能量時，必須將該層前面的物品重量進行加總後，再乘以該層物品的取用次數，如此一來就可以計算得到該層的最小消耗能量。程式中必須宣告一個 min_energy_consumption 變數，可以用來累加各層的最小消耗能量，且在程式一開始就必須事先將整數變數 min_energy_consumption 值設定為 0。

另外在計算某一層的最小消耗能量時，會用到加總該層前面的物品重量，這個地方也會用到另外一個整數變數 total，是用來累計前面物品重量總和，該變數初值也為 0。請各位參考下段的程式碼：

```
for(int i=0; i<N-1; i++) { // 一層一層計算各層物品的消耗能量
    total += obj[i].w;   // 累加前面各層物品的重量
    min_energy_consumption += total * obj[i+1].f;// 計算最小消耗能量
}
```

4.3 參考解答程式碼：物品堆疊 .c

```
01   #include <stdio.h>
02   #define testdata "data2.txt"
03
04   struct obj{
05       int w;   // 物體重量
06       int f;   // 物體取用次數
07   };
08
09   typedef struct obj OBJECT;
10
11   int main() {
12       int N;
13
14       FILE *fp;
15       int min_energy_consumption = 0;   // 最小消耗能量
16       int total = 0; // 物品重量總和
17
18       fp=fopen(testdata,"r");
19       fscanf(fp,"%d", &N);     // 從檔案讀取物體的個數
20
21       OBJECT obj[N];
22       for(int i=0; i<N; i++)   // 從檔案讀取物品重量
23           fscanf(fp,"%d", &obj[i].w);
24       for(int i=0; i<N; i++)  // 從檔案讀取物品取用次數
25           fscanf(fp,"%d", &obj[i].f);
26
27       /*
28       要計算最小消耗能量必須先安排好物品的順序，例如兩個物品 obj[j] 及 obj[j+1]，
29       最佳的物品擺放順序必須以 obj[j].w*obj[j+1].f < obj[j+1].w*obj[j].f 排序，
30       也就是說，該物品越重 (w) 且取用次數 (f) 越小必須放在下層，
31       有了最佳的物品順序後，就可以計算最小消耗能量
32       */
33
34       OBJECT temp;
35       for(int i=0; i<N-1; i++) {
36           for(int j=0; j<N-1-i; j++) {
37               if((obj[j].w*obj[j+1].f) > (obj[j+1].w*obj[j].f)) {
38                   temp = obj[j];
39                   obj[j] = obj[j+1];
40                   obj[j+1] = temp;
41               }
42           }
43       }
```

```
44
45        for(int i=0; i<N-1; i++) { // 一層一層計算各層物品的消耗能量
46            total += obj[i].w;   // 累加前面各層物品的重量
47            min_energy_consumption += total * obj[i+1].f;// 計算最小消耗能量
48        }
49
50        printf("%d\n", min_energy_consumption);
51
52        return 0;
53    }
```

● 範例一：輸入

```
2
20 10
1  1
```

● 範例一：正確輸出

```
10
---------------------------------
Process exited after 0.1953 seconds with return value 0
請按任意鍵繼續 . . . ■
```

● 範例二：輸入

```
3
3 4 5
1 2 3
```

● 範例二：正確輸出

```
19
---------------------------------
Process exited after 0.1783 seconds with return value 0
請按任意鍵繼續 . . . ■
```

⊙ 程式碼說明

- 第 4~7 列：宣告名稱為 obj 的結構資料型態，該結構有 2 個屬性欄位，一個是整數的 w 為物體重量，另一個是整數的 f 為取用次數。

- 第 18~19 列：從檔案讀取物體的個數。

- 第 21~25 列：從檔案讀取物品重量及物品取用次數。

- 第 34~43 列：將最小消耗能量由小到大排序。

- 第 45~48 列：以 for 迴圈的方式，累積計算各物體的消耗能量。

- 第 50 列：輸出最小能量消耗值，以換行結尾。

MEMO

Appendix

C/C++ 編譯器的介紹與安裝

C/C++ 語言確實是一套功能強大的程式語言，可以協助程式設計者快速且方便的開發產品。加上 C/C++ 程式本身並不依附於某一特別的系統平台，一段以標準 C/C++ 語法所寫成的程式碼，可以在支援 C/C++ 語言的 Windows 或者 Unix/Linux 系統下正確的編譯以及執行。

A-1　C/C++ 編譯器簡介

目前在市面上有下列幾種較常使用的 C/C++ 整合性開發環境：C++ Builder、Visual C++ 和 Dev C++、GCC，我們將只介紹 Dev C++ 與 Visual Studio 這兩套工具：

> **TIPS**
>
> 所謂整合開發環境（Integrated Development Environment, IDE），即是把有關程式的編輯（Edit）、編譯（Compile）、執行（Execute）與除錯（Debug）等功能於同一操作環境下，簡化程式開發過程的步驟，讓使用者只需透過此單一整合的環境，即可輕鬆撰寫程式。

A-1-1　Visual Studio

Visual Studio 是一套具有整合式開發環境（Integrated Development Environment, IDE）的軟體，它可以使用 Visual Basic、Visual C#、Visual C++、F# 等各種程式語言在這個開發環境下可以進行程式的撰寫、除錯和執行，便利於開發人員的使用。Visual Studio 有多種版本，您可以連上官網「https://www.visualstudio.com/downloads/download-visual-studio-vs」下載及安裝適合初學者的 Express 版本：

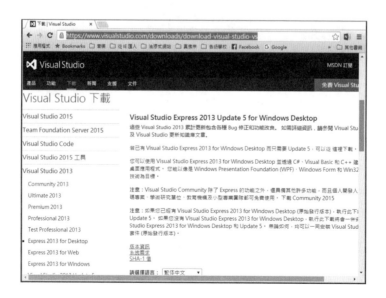

A-1-2　Dev C++

　　Bloodshed Dev-C++ 是一個功能完整的程式撰寫整合開發環境和編譯器，也是開放原始碼（open-source code），專為設計 C++ 語言所設計。在這個環境中包括撰寫、編輯、除錯和執行 C 語言的種種功能。對資深的 C++ 程式設計師而言，Dev-C++ 可以讓你組合所有的程式碼，而各種不同的功能，亦讓你不用擔心程式設計的環境。

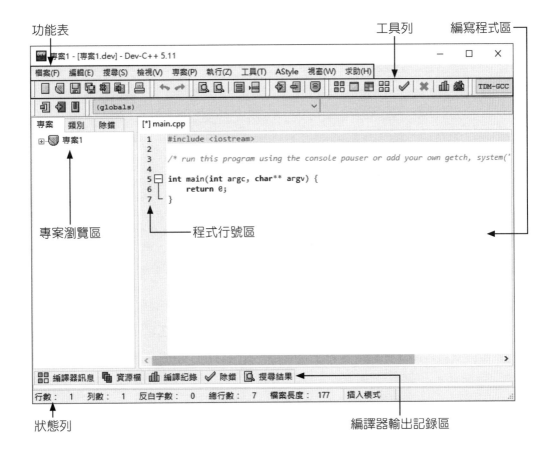

A-1-3　GCC

　　GCC 在 Linux/Unix 下廣為程式設計師所採用為 C/C++ 編譯器之用，它的全名為 GNU Compiler Collection，為自由軟體基金會（FSN，Free Software Foundation）所開發，就連 Dev C++ 程式，也是以 GCC 作為編譯器，如果您對它們有興趣，可以連結至以下的網址：http://gcc.gnu.org/ 查看相關訊息（目前 GCC 中的編譯器名稱為 g++）：

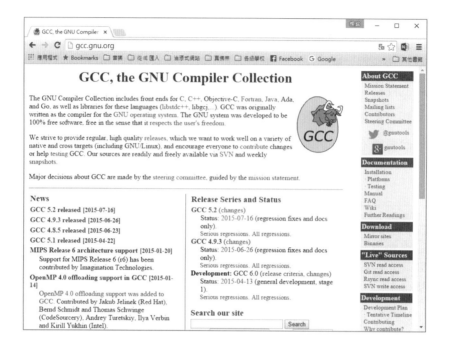

A-2 Dev C++ 的安裝與介紹

A-2-1　下載 Dev C++

　　本書中所有的程式檔案都是以 Dev C++ 來作編譯，所以在本小節將為讀者介紹 Dev C++ 的下載與安裝等基本知識。要安裝 Dev-C++ 軟體之前，首先請您自行下載最新版本的軟體，網址如下：

　　http://sourceforge.net/projects/orwelldevcpp/?source=typ_redirect

　　在首頁中，點選「Dev-C++」項目，此時您可以在網頁上了解該軟體的功能、系統需求以及授權資料。當然最重要的「下載」項目是位在該視窗最下方的位置，並且提供二種版本供您使用。選擇您最適用的 Dev-C++ 版本來進行下載。

按此「Download」鈕

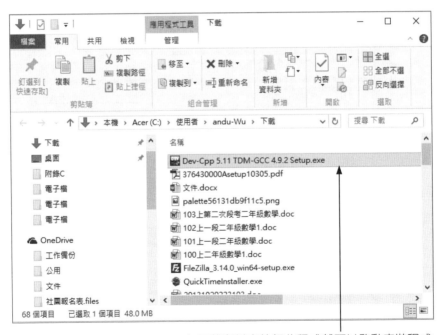

在下載資料夾執行此程式就可以啟動安裝程式

　　如果下載網址有所變動，就請使用者在 Google 搜尋引擎輸入關鍵字「Dev-C++」找尋最新版的 Bloodshed Dev-C++。

A-2-2 安裝 Dev C++

當您下載完成之後，雙擊下載的檔案名稱之後即可開始安裝。現在請您依據下列步驟來安裝 Dev-C++ 軟體：

STEP 1

選擇安裝的語言，此處選擇「English」

STEP 2

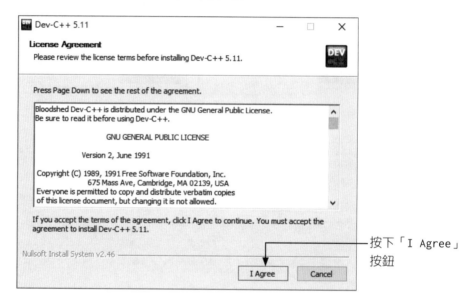

按下「I Agree」按鈕

STEP 3

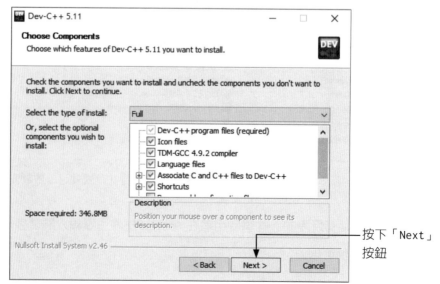

按下「Next」按鈕

STEP 4

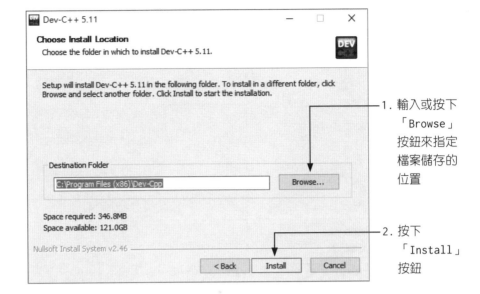

1. 輸入或按下「Browse」按鈕來指定檔案儲存的位置

2. 按下「Install」按鈕

STEP 5

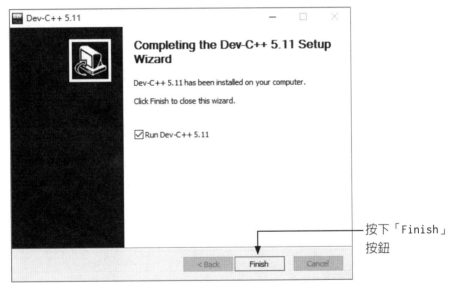

按下「Finish」按鈕

A-2-3　專案的建立

當安裝完成之後,您可以看到 Dev-C++ 的整合式開發環境。接下來要介紹建立專案的作法。在 Dev-C++ 整合環境中,要新增一個專案請按照下列步驟所示:

STEP 1

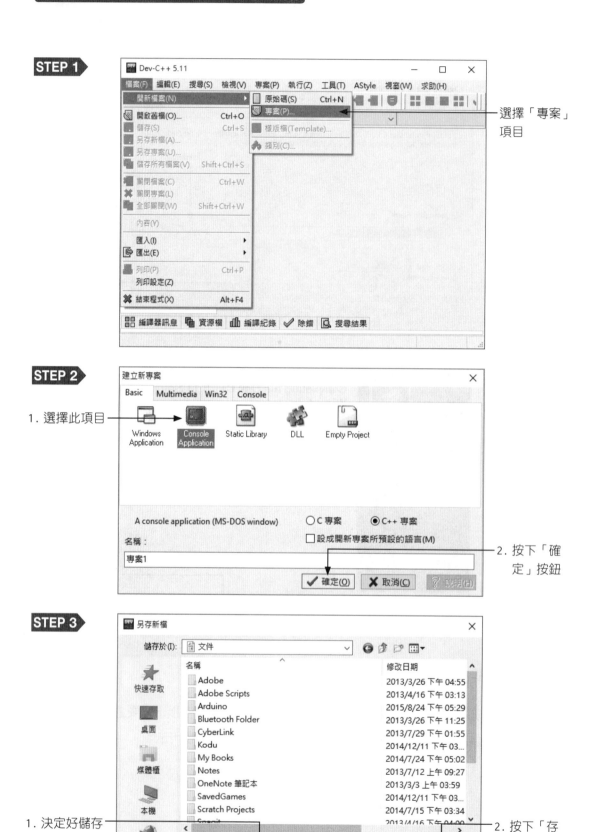

選擇「專案」項目

STEP 2

1. 選擇此項目

2. 按下「確定」按鈕

STEP 3

1. 決定好儲存路徑後，輸入專案名稱

2. 按下「存檔」按鈕

STEP 4

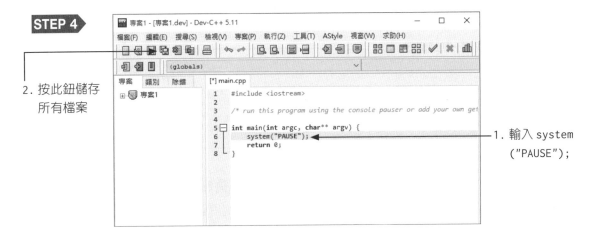

2. 按此鈕儲存
   所有檔案

1. 輸入 system
   ("PAUSE");

STEP 5

選擇此項目，以
進行編譯及執行
程式的工作

STEP 6

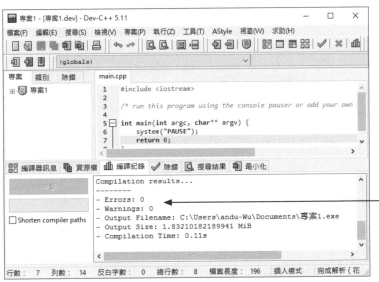

此處可看到編譯
的結果，如果語
法正確無誤就會
輸出執行結果

STEP 7

本範例程式的執行結果，按下任意鍵可以繼續

另外，DEV C++ 這個 IDE 預設不支援 for 迴圈內直接宣告變數，如果使用這種 IDE 去編譯那種在 for 迴圈內直接宣告變數，就會出現編譯上的錯誤。遇到這種錯誤，有兩種解決辦法：

❶ 直接將 for 迴圈內的 i 變數的宣告放在迴圈就可以編譯過。

❷ 或是直接在 compile 參數裡面加個「-std=c99」就好，在 DEV C++ 要設計編譯器選項，必須於 DEV C++ 視窗中執行「工具 / 編譯器選項」指令，就會進入如下圖的視窗，只要勾選「呼叫編譯器時加入以下的命令：」下方的文字方塊中加入「-std=c99」就可以解決這類在迴圈內直接宣告變數卻無法編譯的問題了。

到目前為止，相信各位應該對 Dev-C++ 是如何安裝及建立專案已經了解，接下來您可以依據本書所提供的程式碼來執行。